JARDINER *en biodynamie*

PETER BERG

JARDINER *en biodynamie*

EDITIONS DU MOUVEMENT DE
L'AGRICULTURE BIO-DYNAMIQUE

JARDINER *en biodynamie*

CE QU'IL FAUT FAIRE POUR RÉUSSIR VOTRE JARDIN.

L'essentiel

Vous verrez ce qui est essentiel pour réussir au jardin.

Jupiter
Uranus

TERRE VIVANTE

Jardiner en bio avec plaisir

Nous empruntons uniquement la terre de nos enfants. Prenons en soin et stimulons sa vitalité, partout où cela est possible.

CONVICTION

Dans ce livre confluent les savoirs que j'ai faits miens tout au long de ces 40 années d'activité en tant que jardinier biodynamique. Je fais part de mes expériences avec l'espoir que vous deveniez un nouveau "porte-flambeau" de cette conviction à travers la mise en pratique de ces savoirs dans votre propre jardin : « Le bio n'est pas seulement bon, il est nécessaire pour maintenir la santé du sol et de ce fait pour assurer notre alimentation de base et notre vie à tous ».

BIODYNAMIE EXPERTE

Les descriptions des pages 30 à 39 concernant l'application pratique de la méthode biodynamique spécifique, introduite par Rudolf Steiner auprès des agriculteurs en 1924 dans le "Cours aux Agriculteurs" vous encourageront également à en faire usage. Rejoindre l'une des nombreuses associations de jardinage biodynamique peut vous apporter une grande joie, car il est souvent plus facile de débuter quelque chose en échangeant avec des personnes partageant les mêmes convictions.

EXPÉRIENCE PRATIQUE

Ce livre a en grande partie pris forme dans le jardin d'enseignement et d'exposition Demeter de Binzen, ainsi que dans notre propre domaine Demeter. Depuis des années, j'y donne, en plus de mon activité de maraîcher, des cours pour les personnes intéressées par le jardinage, en horticulture pratique, tout en apportant un cadre théorique. Les nombreuses questions de mes innombrables apprentis et stagiaires ainsi que celles de téléspectateurs dans les émissions "ARD-Buffet" et "Kaffee oder Tee" m'ont poussé à apporter dans ce livre des conseils qui, je pense, vous seront utiles au quotidien pour votre jardin.
Il s'adresse à tous ceux qui assument et qui veulent assumer la responsabilité d'entretenir la vitalité d'une petite parcelle de terre, aussi minime soit-elle, c'est à dire jardiner.

SON PROPRE JARDIN

Je voudrais vous encourager par mes suggestions à toujours exercer le jardinage biologique dans la joie et à comprendre davantage le contexte plus large lié à votre activité dans la parcelle de jardin qui vous est confiée.

Peter Berg

LES PREMIERS PAS

Mon jardin à la lumière du bio

AFIN QUE LES PLANTES CROISSENT DE MANIÈRE OPTIMALE, IL FAUT TOUT D'ABORD PROCÉDER À L'ANALYSE DE LA PARCELLE DU JARDIN. SON ÉTAT ET D'AUTRES FACTEURS INFLUENCENT LA CROISSANCE DES CULTURES. DANS LE CHAPITRE SUIVANT, VOUS APPRENDREZ QUELLES CONDITIONS PRÉALABLES CRÉER SI VOUS NE LES AVEZ PAS DÉJÀ, POUR RÉALISER VOTRE PROPRE JARDIN BIOLOGIQUE.

LA CONCEPTION

Bio, jusqu'à quel point ?

Un jardin cultivé en bio apporte beaucoup de joie. Il est plein de vie et sa vitalité augmente d'année en année. C'est le jardinage en harmonie avec les étoiles et le cosmos qui favorise ce développement.

QUELLE EST LA TAILLE DE MON JARDIN ?

Si vous souhaitez mettre en place un jardin biologique, il faut prendre en compte les considérations suivantes : Quelle est la taille de votre jardin ? Voulez-vous une aire de jeux pour vos enfants ? Souhaitez-vous une grande et belle surface avec des fleurs ? Dans quelle proportion le jardin doit-il avoir un caractère alimentaire ? Si vous souhaitez que votre jardin vous apporte une alimentation complète, comprenant par exemple aussi des pommes de terre et des légumes d'hiver, il vous faudra prévoir au minimum une surface de 250 à 300 m² pour une famille de quatre personnes. Une surface de 100 m² suffit pour une famille de quatre qui ne souhaite pas se nourrir uniquement des cultures de son jardin.

QUELLES PLANTES SONT ADAPTÉES ?

Pour un approvisionnement partiel, il faut se poser la question suivante : quelles cultures souhaitez-vous récolter régulièrement dans votre jardin ? Les cultures les plus simples et les plus rapides sont toutes les sortes de salades. Si vous disposez d'une surface suffisante, vous pourrez également cultiver de la mâche et des épinards en hiver. Pour un approvisionnement partiel, les légumes ou les cultures de longue durée, tels que le poireau, le céleri ou les choux de Bruxelles sont moins adaptés. Il vaut mieux les acheter chez un producteur biologique, régional et selon la saison. Si vous voulez offrir à vos enfants - et bien entendu à vous-même - le plaisir de "tirer" des carottes fraîches et juteuses, il est recommandé de semer, entre mars et juillet, environ tous les 15 jours, en petite quantité, ce que l'on appelle des carottes nouvelles. Ainsi vous bénéficierez de ces gourmandises tout au long de l'été. Vous pouvez aussi faire la même chose avec d'autres légumes tels que les betteraves ou les radis.

LE CHEMIN LE PLUS COURT VERS UN JARDIN BIO

Si vous souhaitez transformer votre jardin en jardin biologique ou biodynamique, vous pouvez commencer par les obstacles les plus faciles à surmonter, en renonçant à tout produit phytosanitaire chimique ou de synthèse, ainsi qu'à toute fertilisation chimique (voir p.106 sqq.). Si en plus vous utilisez des plantes et des semences biologiques ou bien biodynamiques (voir p. 33, 42 et 165), vous avez une excellente base pour débuter un jardin biologique.
Vous pouvez remplacer les fertilisants et les pesticides chimiques et de synthèse par des produits biologiques. Observez toutefois que la plupart des fertilisants biologiques n'agissent pas rapidement mais représentent pour les plantes une source de nutriments continue et de longue durée. La préparation du compost constitue l'étape suivante du jardinage biologique.
Faites bien attention à préparer un compost de grande qualité, en utilisant de manière conséquente la règle d'or « réduire, mélanger, garder humide et couvert » (voir p. 72 sqq.). Grâce à un compost de qualité vous renforcerez la vie de la terre. Vos plantes seront résistantes et pleines de vie. Le compost de bonne qualité remplace les engrais organiques. En administrant en plus à votre compost les six préparations biodynamiques à base de plantes médicinales (voir p. 80 sq.), qui agissent comme des traitements homéopathiques subtils, vous stimulez le bon processus de décomposition de votre compost.
Un pas de plus sur le chemin d'un jardin biodynamique, consiste en l'application de la méthode biodynamique (voir p. 30 sq.) aux cultures de votre jardin. Cela implique que vous preniez en considération les positions des astres pour jardiner. On sait que les positions appropriées favorisent de façon durable la santé et la vitalité des plantes au moment des semis, des soins et du stockage. Jardiner de façon biodynamique veut dire ceci : utiliser pour le jardinage les deux préparations biodynamiques que sont la préparation de bouse de corne et la préparation de silice de corne (voir p. 36 sq.) afin de favoriser la croissance saine des plantes.

[a]

[b]

L'essentiel

[a] AVEC LA MAIN on peut avoir une première impression de la terre, dans laquelle la croissance de la plante commencera plus tard.

[b] L'HERBE est retirée avec précaution à l'aide d'une bêche. La motte apparaît en dessous. On peut ainsi avoir un aperçu plus profond de la terre.

[c] ON MET UN PEU DE TERRE dans la paume de la main. Est-ce qu'elle tombe en morceaux ? Est-elle collante et tient-elle ensemble ?

[d] EST-CE QU'IL EST POSSIBLE de rouler la terre entre les mains ? Si c'est le cas, elle dispose d'une bonne capacité à retenir l'eau.

[c]

[d]

EAU SOUTERRAINE

et humidité du sol

Le niveau de l'eau souterraine au jardin influence l'humidité du sol et par conséquent, l'arrosage et le binage. Plus le niveau de la nappe d'eau souterraine est élevé, plus le sol est humide et moins il faut apporter de soins.

QUEL EST LE TAUX D'HUMIDITÉ DE MON SOL?

Une façon simple d'en savoir plus sur l'humidité du sol, consiste à examiner la couche supérieure (voir images à gauche). Pour cela, on retire l'herbe avec une bêche **[→b]**, puis on essaye de former une sorte de saucisse avec les mains **[→c et d]**. On peut en tirer des conclusions sur l'humidité du sol, c'est-à-dire sur la capacité du sol à retenir l'eau. Est-ce que le sol est malléable, est-ce que le sol dispose d'une bonne capacité à maintenir l'eau et est-ce que les soins sont faciles, par exemple faut-il moins biner, arroser et apporter de mulch ? Si le sol n'est pas malléable, cela veut dire qu'il ne peut pas bien retenir l'eau. Dans ce cas, des mesures doivent être prises pour l'améliorer, afin d'offrir aux plantes des conditions optimales de croissance. Il est aussi possible de cultiver des plantes qui ont moins besoin d'eau et qui préfèrent un sol sableux.

ECHANGES AVEC LES VOISINS

On peut en apprendre davantage sur l'état de l'eau souterraine du jardin en discutant avec des voisins jardiniers ou avec les précédents propriétaires de son jardin. Ils ont souvent des années ou des décennies d'expérience avec leur propre terrain ou des terrains voisins et sont à même d'apporter des informations importantes, par exemple sur les conditions météorologiques et la réaction du sol. Ou bien ils disposent de connaissances pour la mise en place d'un puits et savent par exemple si l'eau remonte seulement en petite quantité à la surface à travers les capillaires du sol (les capillaires du sol sont des interstices du sol, de l'épaisseur d'un cheveu, reliés et verticaux, dans lesquels l'eau monte grâce à la force capillaire). Dans ce cas, on doit faire un travail de sarclage du sol sec en surface, c'est-à-dire ameublir. Grâce à l'ameublissement, les extrémités supérieures des capillaires sont détruites et l'eau peut à nouveau remonter facilement, sans être emportée par le vent à la surface. Ceci limite l'évaporation de l'eau et le jardinier doit moins arroser.

UN PLUVIOMÈTRE **est un outil utile. Il montre la quantité réelle de pluie tombée durant les dernières 24 heures. Il arrive souvent que nos impressions nous trompent et qu'on surestime les précipitations effectives (1 mm de précipitation = 1 litre d'eau pour 1 m² de surface). Cela peut aussi faire plaisir aux enfants de voir combien d'eau est tombée au cours de la journée.**

MICROCLIMAT

Le bon emplacement pour les plantes au jardin

Une importante condition pour la croissance des plantes est leur bon emplacement. C'est pourquoi il est judicieux de connaître les conditions locales du jardin.

JARDIN EN PENTE OU DE FOND DE VALLEE

Si votre jardin ou une partie de votre jardin est en pente, les plates-bandes doivent être le plus possible perpendiculaires au sens de la pente à cause du risque d'érosion. L'irradiation du soleil est beaucoup plus intense sur un coteau à 90° que pour un coteau à 45° ou en plaine. Une pente située au sud- ouest, est chaude et plus sèche, tandis que les températures sur une pente est sont plus fraîches car la rosée doit d'abord sécher avant le réchauffement du sol. Le versant nord-est est le plus frais et le plus humide. Au printemps, les températures sont plus chaudes pour un jardin en pente que pour un jardin de fond de vallée car les vents sont descendants la nuit. Si le jardin se trouve dans un espace ouvert, l'humidité sèche plus rapidement car le vent « souffle ». Une haie appropriée peut protéger contre les vents trop forts. Un jardin dans un fond de vallée ou sur une colline, subira à la fois des gelées précoces et des gelées tardives. L'air froid dense s'amasse dans le fond au cours de la nuit. En règle générale, les sols les plus humides retiennent la chaleur plus longtemps que les sols secs, même si il leur faut plus de temps pour se réchauffer. Pour cette raison, ne commencez pas trop tôt à biner et à cultiver au printemps mais attendez jusqu'à ce que le risque de gel soit faible.

SOLEIL, VENT ET OMBRE

Le meilleur emplacement est en général un jardin ensoleillé et protégé, car la lumière et la chaleur favorisent la formation des fruits et leur maturation, permettant ainsi une récolte riche et aromatique. Ainsi, il vous faut savoir à quel moment, lors de sa course quotidienne, le soleil projette son ombre sur les arbres, arbustes, collines et bâtiments. Le meilleur emplacement pour un petit jardin potager se trouve à un endroit ensoleillé, directement contre la maison. Ainsi, vous pourrez rapidement récolter de bons légumes frais, même par mauvais temps. Plantez des cultures qui aiment la chaleur, par exemple des tomates, des poivrons, des courgettes et des concombres dans la partie la plus ensoleillée du jardin. Des petits vents occasionnels favorisent la croissance. L'absence de vents est un terrain propice aux maladies et aux parasites, particulièrement en été, lorsqu'un climat chaud et humide règne au jardin après la pluie. En revanche, les emplacements très venteux refroidissent trop les plantes. Les bordures de plates-bandes de buis, de plantes aromatiques ou une haie adaptée peuvent protéger contre un excès de vent. Au printemps, une haie appropriée peut accroître la température de deux degrés par rapport à un lieu non protégé. De plus, les jardins, protégés par des haies, des clôtures de bois tressé ou des arbustes, sont jusqu'à dix pour cent plus productifs que ceux qui ne sont pas protégés, et les plantes gagnent jusqu'à une semaine de développement.

MI-OMBRE POUR LES PETITS FRUITS

Si votre jardin ou une partie de votre jardin se trouve à l'ombre durant certaines heures de la journée, il faut prendre en compte ces paramètres pour le choix de vos cultures. Les petits fruits, tels que les fraises des bois, les framboises, les groseilles, les groseilles à maquereau mûrissent à l'ombre. L'ombre peut par exemple provenir de bâtiments avoisinants. Par la même occasion, ces bâtiments peuvent également représenter l'avantage d'être une protection contre les vents forts. Les grands arbres de votre jardin ou des terrains voisins sont également de bons pourvoyeurs d'ombre. Avec un peuplement d'arbres, il faut prendre l'enracinement en compte et diviser votre jardin en conséquence. Les arbres, à cause de leurs longues racines ramifiées, sont des « concurrents » pour vos cultures en ce qui concerne le réseau de nourriture du sol. Il faut aussi tenir compte de la chute des feuilles en automne. Toutes les cultures d'hiver, plantées en automne, telles que les épinards ou la mâche, sont fortement altérées par la chute des feuilles. En revanche, des feuilles amassées peuvent rendre de grands services en dessous des arbustes à baies ou bien comme protection contre le gel sur les plantes vivaces sensibles ou sur les bulbes de fleurs.

UNE PLATE-BANDE *pour toute la famille*

Avoir une plate-bande au jardin est toujours quelque chose d'enrichissant. La place accordée à la ou aux plates-bandes de légumes au jardin dépend essentiellement de vos envies personnelles.

LA BONNE TAILLE

Les plates-bandes pour la culture de légumes ne devraient pas dépasser 1,20 m de largeur. La longueur dépend de la place disponible. Cette largeur facilite le travail, le milieu de la plate-bande étant accessible des deux côtés. Les allées entre les plates-bandes peuvent être modifiées selon vos besoins mais il est aussi possible de définir une division permanente. Ainsi, le compactage du sol, dû au passage fréquent, est toujours limité au même endroit.

DES CADRES SELON LES GOÛTS

La forme de stabilisation choisie dépend bien entendu de vos goûts. Les bordures en bois ne tiennent généralement pas dans la durée avec un sol de jardin actif. Les nombreuses réactions du sol conduisent généralement à une dégradation rapide. Recouvrir les chemins de mulch d'écorce peut être une aide dans le « combat » contre les mauvaises herbes.

PLANIFICATION DE QUATRE PLATES-BANDES

Plus l'espace dévolu aux cultures est grand dans le jardin, plus vous pourrez avoir une diversité de cultures. Il faudrait toujours, dans la mesure du possible, avoir quatre plates-bandes à disposition. Dans ce cas, une petite rotation des cultures est possible (voir p. 90).
Les espèces de légumes ayant une croissance rapide sont un bon départ pour l'approvisionnement en légumes. Les radis, salades ou plantes aromatiques sont les plus adaptés. Il faut réserver les cultures ayant une longue durée de développement, tels que les céleris-raves, choux de Bruxelles ou les poireaux à un espace plus grand disponible. Les salsifis et les endives sont des espèces de légumes qui doivent rester longtemps sur la plate-bande et dont le rendement dans le jardin familial suffit seulement pour quelques repas. C'est pourquoi ces cultures sont réservées de préférence à ceux qui possèdent des jardins plus étendus. Si la place le permet, il est bien de prévoir une plate-bande pour les enfants. Ainsi, ils peuvent faire l'expérience des plantes dès leur plus jeune âge. Le cresson et les radis sont particulièrement bien adaptés. Il ne faut pas non plus oublier les fleurs.

CONSERVER LES PLANS DES PLATES-BANDES

Commencez assez tôt la planification de vos plates-bandes pour la nouvelle année de jardinage. En automne ou en hiver, vous pouvez regarder dans le catalogue de semences, quelles cultures vous souhaitez faire pour la nouvelle année. En outre, l'emplacement où les cultures sont plantées dans le jardin a son importance. Pour cela, il est bien d'établir un plan de jardin, c'est-à-dire un croquis sur lequel vous dessinez les plates-bandes de votre jardin. Pour une vue d'ensemble, inscrivez les cultures souhaitées. Conservez bien les plans de chaque année calendaire. Ils serviront de base pour la planification des cultures de l'année suivante. Lorsque vous planifiez une nouvelle année de jardinage, vérifiez toujours le contenu des plates-bandes de l'année précédente. Ainsi, vous pourrez éviter toute erreur concernant la rotation des cultures.

SI VOUS ASPIREZ A UN APPROVISIONNEMENT PARTIEL, une surface de 100 m² suffit pour une famille de quatre. Pour un approvisionnement complet, vous aurez besoin de 250 à 300 m².

TERRE VIVANTE

Observer et analyser

LA CONNAISSANCE EXACTE DE LA TERRE DU JARDIN, DE SA NATURE ET DE SA QUALITÉ, SONT D'UNE IMPORTANCE CAPITALE. ON DOIT APPRENDRE À CONNAÎTRE LE SOL DANS SON ENSEMBLE, CAR LES PLANTES ET LE SOL SE TROUVENT DANS UN ÉCHANGE VIVANT.

[a]

[b]

L'essentiel

[a] GRÂCE AU TEST A LA BÊCHE, on obtient un aperçu global de la structure du sol. Pour ce faire, il faut planter la bêche à 30 cm de profondeur dans le sol, préalablement débarrassé de l'herbe.

[b] LE TEST A LA BÊCHE nous donne un beau profil du sol. Est-ce que la terre est compacte ou meuble à souhait ?

[c] SORTEZ MINUTIEUSEMENT le morceau de terre. Sur un support plat, l'observation de la terre peut alors commencer.

[d] LE LOMBRIC EST UN REPRÉSENTANT VISIBLE de la vie du sol et donne des informations sur la fertilité du sol.

[c]

[d]

TEST DU SOL I

Comptage des lombrics et diagnostic à la bêche

Pour avoir une première impression sur la nature du sol du jardin, il y a plusieurs possibilités : du simple comptage des lombrics jusqu'à un diagnostic à la bêche plus approfondi.

PREMIÈRES IMPRESSIONS

Les lombrics sont un indicateur de la vitalité et de la fécondité du sol. Ils forment des turricules à la surface du sol, ainsi que dans des petites cavités sous la terre. Les petits monticules d'excrétion, dans lesquels sont mélangés de la terre et des éléments organiques, sont assimilés par les organismes du sol. Le mucus, que le lombric secrète en glissant, est également une substance importante pour les organismes vivant dans le sol. Plus il y a des turricules de lombrics visibles à la surface du sol, mieux cela est. Les lombrics sont un indicateur important d'une bonne vie du sol.

Comptage simple des lombrics

Pour le comptage des lombrics au jardin, creusez un trou d'environ 30 cm (une profondeur de bêche) avec une surface totale de 1 m^2. Ne faites pas le test des lombrics durant une période de sécheresse car les lombrics se retirent profondément dans la terre avec la sécheresse (jusqu'à 80 cm). Mettez la terre ainsi retirée sur une bâche et comptez les lombrics et leurs œufs. Si ce nombre atteint 80 lombrics avec leurs œufs, votre sol est moyennement habité et nécessite des mesures appropriées pour une augmentation de l'activité. Si on dénombre 150 lombrics avec les œufs, l'activité biologique de votre sol est bonne. Un nombre de lombrics de 250 ou plus démontre une excellente activité du sol. Travailler un tel sol sert surtout à maintenir cette vitalité dans la durée.

LE DIAGNOSTIC A LA BÊCHE

Afin d'analyser le sol de façon précise, le diagnostic à la bêche est conseillé. Il s'agit d'un instantané sur l'état du sol et montre quel habitat les racines des plantes trouveront.
A l'aide de la bêche, retirez un morceau de terre de la taille d'une tuile **[→a+b]**. Regardez ce morceau de terre et défaites le doucement **[→c]**. Observez la façon dont il s'effrite et ce qui en sort. Si le sol paraît grumeleux sur toute son épaisseur et qu'il est habité par des animaux du sol, c'est que c'est un bon sol pour les racines car elles n'ont pas à combattre avec résistance. Si, en revanche, le sol paraît compact et imperméable, il est nécessaire d'y faire un bon apport de compost et d'y cultiver des plantes à engrais verts avec des racines profondes (voir p.89 et 72 sqq.).
Il est bien entendu aussi possible de prendre un petit morceau de terre. L'estimation sera alors faite pour 1 m^2.
La terre doit être systématiquement fouillée et les petites mottes de terre doivent être désagrégées avec précaution.
De façon surprenante, on trouve encore beaucoup de petits lombrics. Lorsque le sol est bien habité, il y a naturellement encore beaucoup d'autres espèces animales.

LE MEILLEUR ENGRAIS AU MONDE. **Les lombrics produisent un des meilleurs engrais au monde. En France, il y en a environ 39 espèce de vers, et à l'échelle mondiale, plus de 3000. Les deux types de lombrics les plus fréquents dans nos jardins sont les vers de fumier et les vers de terre communs. Les vers de fumier sont environs deux fois plus petits que les vers de terre et ont des cercles jaunâtres sur leur corps oblong.**

[a]

[b]

[c]

[d]

L'essentiel

[a] ON ASPERGE un peu de terre avec de l'eau.

[b] LE MÉLANGE EAU-TERRE est disposé sur un couvercle avant de procéder à une rotation.

[c] S'IL NE RESTE QUE PEU DE GRUMEAUX, le sol dispose d'une bonne stabilité en eau.

[d] PRENEZ LA TERRE COMPACTE dans la paume de vos mains et observez-la.

[e] SI LA TERRE forme des grumeaux compacts, la qualité du sol doit être améliorée.

[e]

TEST DU SOL II

Sentir et toucher

Pour une perception approfondie du sol, on peut utiliser le nez pour sentir et les doigts pour toucher. Vous serez certainement surpris de découvrir tout ce que vous pourrez apprendre sur votre sol.

TEST À L'ODEUR

L'odeur du sol nous donne des informations importantes sur son état. La terre est de bonne qualité, si elle sent bon la terre de forêt. En effet, de tous les sols, la terre de forêt dispose du meilleur milieu microbien. Si la terre du jardin est noire et a une odeur marécageuse, il s'agit d'un sol marécageux qui contient encore des parties végétales à l'état fibreux. Si la terre sent le moisi, le soufre ou l'œuf pourri, cela indique une mauvaise décomposition de la substance organique. Dans ce cas, il vous faudra ameublir votre sol (voir p. 50).

TEST DE STABILITÉ À L'EAU

Ce test indique la stabilité en eau du sol, c'est-à-dire comment le sol réagit aux intempéries (par exemple à la pluie). Si le sol peut absorber de fortes pluies, sa surface forme une sorte de pâte. En revanche, si les grumeaux restent solides, le sol ne peut pas absorber l'eau de façon suffisante.
Afin de tester la stabilité en eau du sol, on met une poignée de terre sur le couvercle d'un seau. On ajoute ensuite de l'eau **[→a]** et on fait tourner le couvercle environ 30 secondes dans les mains, de façon à ce que les mottes de terre puissent s'émietter **[→b]**. Les bonnes mottes de terre tombent immédiatement en petites miettes **[→c]**. Il reste uniquement les plus grosses mottes de terre **[→d]**. Plus les mottes de terres sont grosses, plus la qualité du sol doit être améliorée grâce à des mesures spécifiques (un supplément d'humus, la culture de plantes améliorant le sol, l'utilisation des préparations biodynamiques).

TEST TACTILE

Le test tactile indique immédiatement si la terre est davantage sableuse, limoneuse ou graveleuse. Pour cela, écrasez lentement un peu de terre du jardin entre les doigts : y-a-t 'il davantage de cailloux ou de morceaux de sable ? La terre est collante ? Est-elle finement structurée ?
Prenez ensuite une petite quantité de terre et essayez de rouler un boudin de la taille d'un crayon dans vos mains. Si besoin, ajoutez encore un peu d'eau. Si la terre ne peut pas être roulée, le sol est considéré comme sableux. Si la terre peut être roulée, il s'agit d'un sol limoneux ou argileux.

ANALYSE CHIMIQUE : grâce à une analyse chimique, on peut déterminer le pH, les principaux éléments nutritifs et les oligo-éléments (azote, phosphore, potassium, magnésium, etc.) ainsi que la teneur en humus du sol. Pour un test probant, on a besoin d'au moins 10 à 12 prélèvements de différentes profondeurs (entre 0 et 30 cm). L'échantillon doit être bien mélangé et environ 500 g doivent être remis à un laboratoire. Cependant, les analyses chimiques constituent uniquement des instantanés qui dépendent de la saison ainsi que de l'activité biologique actuelle du sol et des plantes qui y poussent.

NOTRE SOL

Reconnaître et comprendre

Le sol est bien plus que la surface sur laquelle on se trouve. Il s'agit d'un organisme très complexe. Sa qualité influence la croissance de nos plantes de façon déterminante.

Plus vous connaissez le sol de votre jardin, mieux vous pourrez prendre des mesures ciblées pour son amélioration. Au jardin, quatre types de sol peuvent prédominer. Ceux-ci dépendent du type de roche mère (par exemple granit ou calcaire), ainsi que des influences géologiques, climatiques et humaines.

SOL SABLEUX

Ce type de sol est le plus souvent léger, meuble et facile à cultiver. En outre, il est chaud, ce qui fait qu'on peut commencer de bonne heure le travail du jardin au printemps. Sa capacité d'accumulation de l'eau et des éléments nutritifs est pourtant faible. Cependant, un bon apport en mulch peut influencer l'humidité du sol de façon positive. Ces sols sont fréquents au bord des rivières, ainsi que dans les anciens lits de rivière.

LE PH indique le degré d'acidité du sol. Celui-ci a des conséquences sur l'absorption des substances nutritives et leurs disponibilités pour les plantes. La plupart des plantes préfèrent un sol faiblement acide (pH entre 6 et 7). Les jardiniers bio n'ont généralement pas besoin de se préoccuper du pH car le sol, habité par des micro-organismes, se protège lui-même contre une acidité ou une basicité excédentaires.

SOL CALCAIRE

On reconnaît un sol calcaire à sa couleur claire. Il colle aux mains et a tendance à constituer des blocs en cas de sécheresse. De plus, il se réchauffe plus lentement que les autres sols. Un sol de ce type est déjà sec en surface au printemps mais reste encore humide et collant en profondeur. Cela complique le travail, de telle sorte que durant les mois secs et chauds on doit particulièrement arroser ou biner et ce, plus souvent que pour un sol normal.

SOL SUR GRÈS OU ROCHE PRIMITIVE

Les sols provenant de la désagrégation de roche primitive et de grès ont le plus souvent une couleur rougeâtre. Ils sont faciles à travailler en raison de leur teneur en sable fin. Leur teneur en argile détermine leur capacité à retenir l'eau. Plus il y a d'argile, plus la capacité de retenir l'eau est bonne. Une teneur plus élevée en argile signifie en même temps une densité et une capacité plus élevées. Pour ces sols « minute », la durée pendant laquelle on peut facilement les travailler est limitée à quelques heures par jour, en fonction des conditions climatiques.

SOL DE LOESS

Ce sol est meuble et facile à travailler, nutritif et dispose d'une bonne conductibilité de l'eau. Le sol de loess est un des sols les plus fertiles et les plus productifs. De ce fait, il s'agit du sol optimal pour le jardinier. Chez nous, on trouve surtout des sols de loess sur les flancs de colline ou dans les plaines alluviales.

LE PROFIL DU SOL

Un profil du sol vous indique quelle terre ou quel type de sol se trouve dans votre jardin. Pour cela, creusez un trou d'environ 1 m de profondeur (un peu plus profond en cas de sécheresse). Ainsi, vous pouvez voir les différentes couches du sol et de roche mère, et découvrir la profondeur de la couche humique. Les résistances que vous sentirez en creusant vous montrent aussi les difficultés que les plantes ont à surmonter pour pénétrer le sol de leurs racines.

LES ADVENTICES

Ce que les plantes nous révèlent sur le sol

Il y a plusieurs façons de reconnaître l'état du sol grâce aux plantes. Plus vos connaissances sont étendues, mieux vous serez à même de prendre des mesures adaptées.

Les plantes qui poussent spontanément dans le jardin, appelées adventices, sont aussi un bon indicateur de l'état du sol. C'est pourquoi on les appelle aussi des plantes indicatrices. Vous trouverez les plantes indicatrices les plus courantes avec leur signification respective pour l'état du sol dans le tableau suivant.
Vous verrez quelles mesures adopter lorsque vous avez besoin de corriger le sol pour vos cultures.

PLANTES INDICATRICES : INFORMATIONS SUR L'ÉTAT DU SOL

Etat du sol	Plante indicatrice	Corrections
Sol riche en azote	Arroche Bourse à pasteur Chardon maraîcher Chénopode blanc Egopode podagraire Euphorbe réveil matin Gaillet gratteron Galinsoga Mouron des oiseaux Ortie Véronique de Perse	Cultiver des plantes gourmandes en azote, par exemple des pommes de terre. Enlever la masse végétale sur la plate-bande et la composter pour obtenir un terrain nu.
Sol pauvre en azote	Carotte sauvage Galéopsis intermédiaire Poivre des murailles Vesce hérissée Vulpin des champs	Cultiver des légumineuses (plantes qui accumulent de l'azote dans le sol). Epandre du compost.
Sol humide	Cardamine des prés Cirse maraîcher Oseille Reine-des-prés	Incorporer du sable. Augmenter la teneur en humus grâce à l'épandage de compost.
Sol sec	Adonis d'été Anthémis des teinturiers Becs de grue Géranium fluet Plantain intermédiaire	Epandages renforcés de mulch et de compost.
Endroit à l'ombre	Egopode podagraire Lierre terrestre Oxalis	Choisir des plantes adaptées, par exemple de la rhubarbe, des fraises des bois, des framboises.

Etat du sol	Plante indicatrice	Corrections
Sol acide	Anthémis des teinturiers Epilobe en épi Menthe des champs Petite oseille Trèfle des champs	Chauler, par exemple avec du calcaire dolomitique.
Sol alcalin	Géranium des prés Linaire commune Luzerne Mouron des oiseaux Moutarde des champs Pensée des champs Potentille rampante Sauge des prés	Apporter de la tourbe.
Sol compact	Menthe des champs Plantain majeur Prêle des champs Tussilage	Cultiver des plantes à racines profondes, au moins un an (par exemple de la luzerne).
Sol à eau stagnante	Chiendent Cirse des champs Plantain majeur Potentille ansérine Renoncule rampante	Cultiver des plantes à racines profondes, au moins un an (par exemple de la luzerne).
Sol sableux	Bruyère Coquelicot Euphorbe Molène Mouron des oiseaux Pin	Epandage renforcé de mulch et de compost.

[1.]

[2.]

[3.]

PLANTES INDICATRICES
Un aperçu

De nombreuses plantes donnent des indications sur les caractéristiques du sol.

GRANDE ORTIE [1.]

Urtica dioica

Famille : Urticacées
Etat du sol : Indicatrice d'azote.
Présence : Constitue souvent de vastes peuplements. Pousse partout dans le monde, hormis les tropiques et le Grand Nord.
Aspect : Tige droite, non ramifiée, carrée, feuilles avec de nombreux petits poils et de longs poils urticants. Taille : de 30 à 150 cm. Floraison : panicules jaune-vert. Période de floraison : de juillet à octobre. Pluriannuelle.
Spécificité : Les plantes poussant tôt au cours de l'année, les jeunes pousses peuvent être préparées comme les épinards. Leur jus aide aussi en cas de fatigue de printemps.

MOLÈNE FAUX BOUILLON BLANC [2.]

Verbascum densiflorum

Famille : Scrophulariacées
Etat du sol : Indique un sol sableux.
Présence : Friches, rivages. Sur des sols de moyennement secs jusqu'à frais, le plus souvent calcaires, dans des lieux ensoleillés, plutôt chauds.
Aspect : Forme une rosette de feuilles. Feuilles lancéolées ou oblongues lancéolées. Taille : de 50 à 250 cm. Floraison : longues inflorescences jaunes spiciformes. Période de floraison : de juillet à septembre. Bisannuelle.
Spécificité : Les fleurs contiennent des mucilages comme des sapiones et des flavonoïdes. Ceux-ci ont un effet adoucissant sur les muqueuses de la gorge et favorisent l'excrétion de mucus par la prise de médicaments contenant cette plante.

PLANTAIN MAJEUR [3.]

Plantago major

Famille : Plantaginacées
Etat du sol: Indique un sol compact.
Présence : Chemins, pelouses compactées, rivages, prairies, surpâturages, pavages. Supporte le sel et d'être foulé.
Aspect : Feuilles en rosette, le plus souvent dressées, avec de 5 à 9 nervures en longueur. Taille de 5 à 40 cm. Période de floraison : de juin à octobre. Vivace.
Spécificité : *Plantago* vient du latin *planta* = plante du pied levée et fait référence à la forme de la feuille.

CAROTTE SAUVAGE [4.]

Daucus carota

Famille : Apiacées

Etat du sol : Indique un sol pauvre en azote.

Présence : Sur des sols plutôt secs, le plus souvent calcaires dans des endroits clairs.

Aspect : Plante gris-vert, racines pivotantes poilues. Taille : de 30 à 100 cm. Floraison : ombelles. Période de floraison : de juin à septembre. Bisannuelle.

Spécificité : Les ombelles sont appréciées des mouches. Celles-ci se posent volontiers là où il y a déjà des mouches.

REINE-DES-PRÉS [5.]

Filipendula ulmaria

Famille : Rosacées

Etat du sol : Indicatrice d'humidité.

Présence : Ruisseaux, sources, rivages, prairies humides, forêts riveraines. Sur les sols humides, riches en nutriments.

Aspect : Feuilles avec de grosses stipules. Taille : de 50 à 150 cm. Floraison : ombelles en grappes. Période de floraison : de juin à août. Pluriannuelle.

Spécificité : Au cours de la première moitié du XIXè siècle on a extrait pour la première fois de la salicine de cette plante. Plus tard, on a réussi à synthétiser de l'acide salicylique. Le nom commercial actuel « aspirine », provient de l'ancien nom de plante *Spiraea ulmaria*.

OSEILLE [6.]

Rumex

Famille: Polygonacées

Etat du sol : Indique un sol humide.

Présence : Dans des stations d'adventices peu denses, sur les sols humides jusqu'à moyennement mouillés, riches en nutriments et en en humus.

Aspect : Tige droite, le plus souvent ramifiée à la base. Taille : de 30 jusqu'à 80 cm. Floraison : Inflorescence lâche, étendue. Période de floraison : de mai à août. Pluriannuelle.

Spécificité : Son nom en français vient du latin *acetosa* qui veut dire « acide », en référence à son goût. *Rumex acetosa*, fréquente dans les prés, est la plus connue des *Rumex.*

ARROCHE ÉTALÉE

Atriplex patula

Famille : Chénopodiacées

Etat du sol : Indicatrice d'azote.

Présence : Dans les populations d'adventices, dans les champs et les jardins, sur les sols meubles, limoneux et argileux et riches en nutriments. Rare sur les sols sableux et siliceux.

Aspect : Tige ramifiée, jeune carrée, feuilles alternes, des deux côtés grises jusqu'à vert sombre. Taille : de 30 à 80 cm. Floraison : fleurs en glomérules à l'intersection des feuilles et sur des épis terminaux lâches. Période de floraison : de juillet à octobre. Annuelle.

Spécificité : Ce qui est spécifique des arroches étalées sont les tiges à quatre angles, les petites feuilles sur les fleurs, ainsi que la stature latérale.

OXALIS DES FONTAINES

Oxalis stricta (Oxalis fontana)

Famille : Oxalidacées

Etat du sol : Indicatrice d'ombre.

Présence : Champs avec des plantes sarclées, jardins, bordures des chemins. Sur des sols riches en nutriments, pauvres en calcaire.

Aspect: Feuilles alternes sur la partie haute de la tige, semblant souvent opposées. Tige droite, le plus souvent des rhizomes souterrains. Taille : de 10 à 40 cm. Floraison : ombelles lâches avec de 1 à 7 fleurs. Période de floraison : de juin à octobre. Annuelle jusqu'à pluriannuelle.

Spécificité : Les fleurs s'ouvrent uniquement une journée, du matin entre 8 et 9 heures et jusqu'à 15-16 heures.

[4.]

[5.]

[6.]

JARDINER AVEC LA LUNE

Les impulsions cosmiques

LE COSMOS A BEAUCOUP À NOUS OFFRIR SI ON LUI EN DONNE LA POSSIBILITÉ.
EN JARDINANT AU BON MOMENT ET EN UTILISANT LES PRÉPARATIONS BIODYNAMIQUES DE RUDOLF STEINER, ON PEUT VIVIFIER LE SOL ET FAVORISER LE MONDE SENSIBLE DES PLANTES DANS SON PROPRE JARDIN.

Lehr- und Schaugarten
Sonne
Merkur
Widder
Frucht
Fische
Blatt

BIODYNAMIE

avec l'influence des astres

La croissance des plantes est soumise aux rythmes cosmiques. Dans le jardin biodynamique, on tient compte des configurations cosmiques favorables pour la croissance des cultures.

LE NOM DEMETER est le nom de la marque des produits issus de l'agriculture biodynamique. Il est protégé en tant que marque. Il s'agit du nom de la déesse grecque de la fertilité et déesse mère, dont l'activité se manifeste sur la fertilité de la terre, les céréales, les semailles et les saisons et qui selon la mythologie a appris aux hommes la culture des céréales et le maniement de la charrue.

LA NAISSANCE DE L'AGRICULTURE BIODYNAMIQUE

La méthode biodynamique a été créée par Rudolf Steiner (1861-1925), philosophe et fondateur de l'anthroposophie qui a également donné de nouvelles impulsions à la pédagogie, à la pédagogie curative, à la médecine, ainsi qu'à différents domaines artistiques.

Quelques années seulement après l'introduction des substances chimiques pour la fertilisation et la lutte contre les mauvaises herbes et les parasites, des agriculteurs attentifs, ayant constaté des changements inquiétants dans leurs cultures, demandèrent le soutien de Rudolf Steiner pour remédier à la dégénérescence de leurs semences et de leurs sols.

En 1924, Rudolf Steiner donna un congrès de plusieurs jours, au cours duquel il élabora une œuvre fondamentale, intitulée "Le Cours aux Agriculteurs". Cette œuvre représente une fondation philosophique conséquente pour le renouveau de l'agriculture, elle posa la première pierre pour le développement de l'agriculture biodynamique. Elle marque la « naissance » de l'agriculture biologique dans le monde entier.

L'INFLUENCE DE LA LUNE ET DES ASTRES

A côté de conseils concrets pour l'agriculture, Rudolf Steiner donna également des indications sur les grands rapports entre le cosmos et la terre. A partir des suggestions de Steiner, Maria Thun (décédée en 2012), une importante pionnière en biodynamie a étudié pendant des années l'influence des astres, de la lune et des planètes sur la croissance des plantes (notamment en collaboration avec l'université de Giessen). Ses recherches ont montré que les mêmes plantes (par exemple, les radis) se développent différemment selon les positions astronomiques au moment des semis et des soins. Ces différences de comportement ont aussi été observées pendant des décennies sur les plantes après la récolte, c'est-à-dire au stockage et à la transformation. A partir de ces connaissances, Maria Thun a établi les concepts suivants : jour-racine, jour-feuille, jour-fleur et jour-fruit et plante-racine, plante-feuille, plante-fleur et plante-fruit.

DIFFÉRENTES CONSTELLATIONS FAVORISENT DIFFÉRENTES ESPÈCES VÉGÉTALES

Le zodiaque comprend 12 constellations. La Lune et toutes les planètes se déplacent devant ces constellations. La Lune fait le tour de la Terre en 27, 3 jours et, ce faisant, se déplace devant les constellations. Ainsi tous les deux-quatre jours, vue de la Terre, elle se trouve devant une nouvelle constellation. Lors de son passage, elle transmet des impulsions de chaleur, air/lumière, eau et terre sur notre planète Terre. Nos plantes ont la possibilité par le travail des cultures (semer, planter, biner, arroser etc.) d'assimiler cette impulsion et ensuite de l'exprimer. Maria Thun employait dans ce contexte le concept du « trigone ». Les 12 constellations se répartissent en quatre trigones avec chacun trois constellations, favorisant le même élément. Par le travail des cultures correspondant, les constellations du même trigone communiquent une impulsion similaire aux plantes.
Les quatre trigones sont les suivants:

- Trigone « terre » avec les trois constellations du Taureau, de la Vierge et du Capricorne. Ce trigone, par le travail correspondant, influence toutes les plantes-racine les jours-racine. C'est pourquoi on le nomme également trigone-racine.
- Trigone « eau » avec les trois constellations des Poissons, du Cancer et du Scorpion. Ce trigone, à travers le travail correspondant, influence toutes les plantes-feuille, les jours-feuille. On le nomme ainsi le trigone-feuille.
- Trigone « air/lumière » avec les trois constellations du Verseau, des Gémeaux et de la Balance. Ce trigone, à travers le travail correspondant, influence toutes les plantes-fleur, les jours-fleur. C'est pourquoi on le nomme trigone-fleur.
- Trigone « chaleur » avec les trois constellations du Bélier, du Lion et du Sagittaire. Ce trigone, à travers le travail correspondant, influence toutes les plantes-fruit les jours-fruit. C'est pourquoi on le nomme trigone-fruit.

PÉRIODE DE PLANTATION ET PÉRIODE DE NON-PLANTATION

Lors de sa révolution autour de la Terre, la Lune se déplace en montant et en descendant par rapport à l'écliptique. Cela veut dire que chaque nuit la Lune décrit un arc un peu plus haut (lune ascendante), ou respectivement un peu plus bas (lune descendante) par rapport aux étoiles fixes, que la nuit précédente. Lorsque la Lune se trouve dans une phase descendante, la sève des plantes descend également, et toutes les forces descendent dans les racines.
La terre « inspire ». Ce moment est nommé la période de plantation. On peut alors semer, planter, transplanter et repiquer les plantes-racine, feuille, fleur et fruit au cours des jours correspondants.
Lorsque la Lune est en phase ascendante, la sève se déplace dans les parties supérieures de la plante. La terre « expire » et les forces agissent de façon renforcée sur la croissance aérienne. Il s'agit d'une phase de non-plantation, c'est-à-dire qu'aucune plante n'est semée ou plantée. Cependant, des travaux comme la protection des plantes ou la récolte peuvent être effectués.

Travaux durant la période de plantation

- Semis (suite à un travail préalable du sol).
- Planter et repiquer (suite à un travail préalable du sol).
- Apport de compost et d'engrais (suite à un travail préalable du sol).
- Sarcler.
- Faire prendre racine aux boutures.
- Mettre les bulbes en terre.
- Tondre la pelouse si on souhaite ralentir sa croissance.
- Engraisser pelouses et prés.

Travaux hors période de plantation

- Travaux sur les parties aériennes, par exemple protection des plantes.
- Coupe des boutures.
- Coupe des greffons.
- Récolte.
- Tondre la pelouse si on souhaite qu'elle pousse rapidement et densément.

LES PRÉPARATIONS BIODYNAMIQUES : DE L'HOMÉOPATHIE POUR LE SOL

Lors de son congrès, Steiner a utilisé pour la première fois les concepts d'individualité agricole et d'organisme agricole, deux concepts fondamentaux de la biodynamie. Ils décrivent la ferme comme un organisme fermé autonome qui peut élaborer tout ce qui est nécessaire pour la production d'aliments sains, de grande qualité sans être dépendant d'achats extérieurs. Il s'agit ainsi d'un écosystème durable, très développé. D'un point de vue actuel, les indications de Rudolf Steiner pour les dites « préparations » s'avèrent particulièrement appropriées. De façon simplifiée, on peut dire qu'elles sont des « remèdes homéopathiques » pour le sol, pour le compost et pour les plantes. Elles activent la vie du sol et de ce fait le vivifient, ce qui permet la croissance de plantes saines et résistantes. Cela est également confirmé par la publication de l'essai DOC, mondialement connu, sur la comparaison à long terme de l'Institut de recherche de l'agriculture biologique suisse (FiBL). Depuis 30 ans, on y étudie les effets de l'agriculture biodynamique (D), de l'agriculture biologique (O) et de l'agriculture conventionnelle (C) et on compare leur vitalité.
Les préparations s'apparentent par leur principe aux substances que Rudolf Steiner avait indiquées pour la médecine humaine et qui sont encore utilisées aujourd'hui dans la pratique de la médecine anthroposophique. Les indications de Rudolf Steiner sur l'élaboration des préparations agricoles sont vastes. Elles exigent pour une compréhension véritable du processus d'élaboration, en plus des connaissances chimiques et géologiques, des connaissances étendues sur les forces cosmiques.

PRÉPARATIONS POUR LE JARDIN FAMILIAL Rudolf Steiner a développé l'élaboration des préparations de telle sorte qu'elles puissent être fabriquées directement par les agriculteurs dans leurs fermes. Cela n'est évidemment pas possible pour un jardin familial. Les personnes intéressées, peuvent adhérer à une association régionale de biodynamie et recevoir les préparations en quantité nécessaire dans le cadre de leur adhésion. Au jardin pédagogique biodynamique de Binzen, qui est rattaché à l'exploitation Berg, nous élaborons les préparations lors de différentes rencontres avec des personnes compétentes en la matière. On peut également acheter les préparations au Mouvement de l'Agriculture Bio-dynamique (voir annexes p. 186).

PRÉPARATIONS BIODYNAMIQUES

Bouse de corne et silice de corne

Les deux préparations sont indispensables dans la pratique de la biodynamie au jardin. Elles vivifient le sol et renforcent les plantes. C'est pourquoi elles sont indispensables aux jardiniers en biodynamie.

BOUSE DE CORNE

La bouse de corne renforce la relation de la plante à la terre et lui vient en aide dans son processus de croissance. Elle conduit à une vivification du sol en activant de nombreux processus métaboliques qui n'auraient pas lieu sans son utilisation. Des cornes de vache sont nécessaires à la fabrication de cette préparation. Il ne faut cependant pas utiliser de cornes de bœuf ou de taureau. On reconnaît les cornes de vache aux anneaux des veaux, qui se forment sur la corne de la vache à chaque veau qui naît. Les cornes de vache sont remplies avec de la bouse de vache de qualité à l'automne et enterrées à environ 30 à 40 cm dans de la terre très humique et vivante. La corne absorbe les forces cosmiques au cours de l'hiver, avant d'être retirée autour de Pâques.

Forces dynamiques

Avant la pulvérisation, la préparation doit être mélangée de façon spécifique dans de l'eau. Ce processus s'appelle la dynamisation. Pour cela il faut un pot ou un petit tonneau. Le récipient doit avoir des parois droites, une forme cylindrique et être en bois, grès ou cuivre. La taille du récipient dépend de la taille du jardin. Par exemple, pour un jardin de 250 m², il faut un récipient qui puisse contenir environ 15 l.
Prenez de l'eau tiède (si possible) et de la préparation de bouse de corne dans les quantités adéquates. Pour une surface de 100 m², il faut environ 5 litres d'eau pour 25 grammes de préparation de bouse de corne. Trouvez un endroit dans votre jardin où vous aimez passer du temps. Il est important que la préparation soit brassée par une seule personne. Le liquide est remué dans le récipient à bords droits avec un bâton ou une baguette de bambou, de l'extérieur vers l'intérieur, jusqu'à ce qu'un tourbillon se forme jusqu'au fond du récipient. Commencez avec une faible vitesse contre la paroi pour ensuite venir vers le centre en augmentant la vitesse. Lorsque le tourbillon a atteint le point le plus profond, arrêtez-vous le temps de deux inspirations. Ensuite mettez à nouveau le bâton contre la paroi et répétez le processus. Cette fois-ci vous tournez dans la direction opposée, en allant encore une fois de plus en plus vite. Il faut brasser ainsi pendant une heure, si possible avec la même intensité. De ce fait, pensez à ménager vos forces.

Emploi au jardin

Au bout d'une heure, la préparation terminée, on l'épand à grosses gouttes, à l'aide d'une balayette par exemple, sur la surface prévue. Le meilleur moment pour l'épandage va de l'après-midi au soir par temps couvert. Il faut l'utiliser dans les quelques heures suivant le brassage car son effet diminue par la suite. La plate-bande est ensuite prête pour les semis ou la plantation. On conserve la bouse de corne dans un bocal de verre, placé dans un récipient plus grand sous 10 cm de tourbe, par exemple un coffre en bois. Elle ne doit pas dessécher. Avec un stockage adéquat, la bouse de corne se conserve de deux à trois ans.

SILICE DE CORNE

Cette préparation soutient la croissance de la plante, et favorise la maturité des fruits et leur arôme. Elle est élaborée à partir de quartz transparent contenant peu d'impuretés. Le quartz est écrasé en farine et en poussière. Au printemps, entre Pâques et la Pentecôte, on remplit une corne de vache de poudre de quartz (on ajoute de l'eau pour former une pâte). La corne de vache, avec sa tendance spiralée, concentre les processus biochimiques qui se déroulent à l'intérieur. La corne est enterrée de 30 à 40 cm de profondeur dans une terre très vivante. Elle absorbe les processus estivaux de la terre et concentre l'effet du Soleil de l'été dans la préparation. La silice de corne est brassée selon la même règle de dynamisation que la bouse de corne. Pour une surface de 100 m² il faut de 4 à 5 litres d'eau avec 0,5 g de silice de corne. Il est également préférable qu'une seule personne remue.

Un effet très subtil
A la différence de la bouse de corne, cette préparation n'est pas épandue sur le sol mais est pulvérisée finement sur les plantes entières. Pour cela, le pulvérisateur de jardin s'avère très utile. On pulvérise sur les jeunes plantes qui croissent tôt le matin (la dynamisation peut commencer environ une demi-heure avant le lever du soleil). Pour la maturation des fruits, on pulvérise en fin d'après-midi ou le soir. Un temps clair favorise l'efficacité. Les légumes à maturation rapide, comme la salade ou les radis, ont besoin de deux pulvérisations : la première fois lorsque les quatre ou cinq feuilles caractéristiques sont formées et la deuxième fois, environ trois semaines avant la récolte. Pour les plantes à croissance plus lente, comme les fraises ou les tomates, on pulvérise de cinq à huit fois pendant la période de croissance. Pour des cultures destinées à être conservées longtemps avant d'être consommées, il faut pulvériser encore une fois, environ quatre semaines avant la récolte, trois jours de suite. On choisit également les jours selon les types de plantes (plantes-racine, les jours-racine etc.). La préparation doit être utilisée en l'espace de quelques heures après la dynamisation, car l'effet diminue après. On peut conserver la préparation non mélangée dans un bocal, près d'une fenêtre ensoleillée et ce de deux à trois ans.

[1.]

[2.]

[3.]

[4.]

GROUPES DE PLANTES

et préparations : un aperçu

Le respect de l'appartenance des plantes à un groupe, ainsi que l'emploi des préparations biodynamiques pour le jardinage quotidien, soutiennent la croissance saine des plantes et favorisent la vitalité du sol.

GROUPES DE PLANTES : RACINE, FEUILLE, FLEUR ET FRUIT

Différentes constellations cosmiques agissent sur chaque type de plantes. On divise les plantes en quatre groupes en fonction de l'effet des constellations cosmiques : plantes-racine, plantes-feuille, plantes-fleur et plantes-fruit. L'appartenance aux différents groupes est généralement fonction de l'organe récolté. Selon ce principe, vous pourrez facilement étendre ces correspondances à d'autres plantes que celles qui sont citées.

PLANTES-FRUIT [1.]

Signe distinctif : L'organe récolté est le fruit de la plante.
Constellations : Bélier, Lion, Sagittaire.
Plantes : Abricot, airelle, aubergine, casseille, cerise, coing, concombre, courge, courgette, figue, fraise, framboise, fruits sauvages, groseille, groseille à maquereau, haricot à rame, haricot nain, haricot rouge, kiwi, maïs, melon, mirabelle, mûre, myrtille, nectarine, noisette, noix, pêche, petit pois, poire, poivron, pomme, prune, raisin, reine-claude, soja, tomate.
Travaux pendant la période de plantation: Semis, plantation ou repiquage, apport de compost et d'engrais, binage et enracinement des boutures, à chaque fois en jour-fruit.
Travaux en dehors de la période de plantation : Soins hors terre, par exemple de prévention (pas de binage ni de taille en vert), coupe de boutures et de greffons, récolte, toujours en jour-fruit.

PLANTES-FLEUR [2.]

Signe distinctif : L'organe récolté est la fleur de la plante.
Constellations : Verseau, Gémeaux, Balance.
Plantes : Artichaut, brocoli, camomille, fleurs d'été, lavande, plantes à bulbe, plantes de balcon (fleuries), plantes en pot (fleurs), plantes vivaces (fleuries), roses.
Travaux pendant la période de plantation : Semis, plantation ou repiquage, apport de compost et d'engrais, binage, taille en vert, enracinement des boutures, plantation des bulbes de fleurs, tonte du gazon s'il doit pousser lentement, toujours en jour-fleur.
Travaux en dehors de la période de plantation: Soins hors terre (pas de binage, ni de taille en vert), coupe de boutures et de greffons, récolte (y compris pour le séchage), toujours en jour-fleur.

PLANTES-FEUILLE [3.]

Signe distinctif : L'organe récolté est la feuille de la plante.

Constellations : Poissons, Cancer, Scorpion.
Plantes : Arroche des jardins, basilic, blette, bourrache, céleri-branche, cerfeuil, chicorée, chicorée rouge, chou blanc, chou chinois, chou-fleur, chou frisé, chou-rave, chou rouge, chou vert, choux de Bruxelles, ciboulette, endive, épinard, épinard de Nouvelle-Zélande, laitue, laitue cultivée, laitue d'hiver, laitue romaine, mâche, mélisse citronnée, pain de sucre, pak choï, pelouse, persil, plantes de balcon (à feuilles), plantes en pot (à feuilles), plantes vivaces (à feuilles), poireau, rhubarbe, roquette, sarriette, salade à couper.
Travaux pendant la période de plantation: Semis, plantation ou repiquage, apport de compost et d'engrais, taille en vert, binage, enracinement des boutures, fertilisation de la pelouse et des prés, chaque fois en jour-feuille.
Travaux en dehors de la période de plantation : Soins hors terre, par exemple de prévention, (pas de binage, ni de taille en vert), coupe de boutures et de greffons, récolte, tonte du gazon s'il doit pousser de manière rapide.

PLANTES-RACINE [4.]

Signe distinctif : L'organe récolté est la racine de la plante.
Constellations : Capricorne, Taureau, Vierge.
Plantes : Ail, betterave, carotte, céleri-rave, chicorée (racine), fenouil, oignon, panais, radis, radis noir, patate douce, pomme de terre, raifort, salsifis, topinambour.
Travaux pendant la période de plantation : Semis, plantation ou transplantation, apport d'engrais et de compost, binage, chaque fois en jour-racine.
Travaux en dehors de la période de plantation : Soins hors terre, par exemple de prévention (pas de binage), récolte. Chaque fois en jour-racine.

BOUSE DE CORNE [1.]

Fonction : Elle permet une meilleure relation entre la plante et le sol qui l'entoure. De nombreux processus métaboliques et l'activité des racines sont stimulés. Les parties supérieures de la plante sont ainsi mieux approvisionnées.
Matériel : Bouse de corne qui "qui est arrivée à maturité" dans une corne de vache [→4.], au cours de l'hiver, ainsi qu'un pot, un petit tonneau ou un autre récipient.
Quantité : Pour une surface de travail de 100 m², il faut environ 5 l d'eau avec 25 g de préparation de bouse de corne.
Période d'utilisation : De l'après-midi au soir par ciel couvert, en l'espace de quelques heures après la dynamisation.
La date cosmique pour le travail du sol, détermine la culture mise en place, selon le principe plante-racine, en jour-racine etc.
Utilisation : Epandre en grosses gouttes sur la surface concernée.

SILICE DE CORNE [2.]

Fonction : La préparation de silice de corne soutient la plante qui croît, la maturation des fruits et le goût. Elle transmet chaleur cosmique et force de lumière.
Matériel : Préparation de silice de corne, ainsi qu'un pot, un petit tonneau ou autre récipient.
Quantité : Pour une surface de 100 m², 4 à 5 l d'eau avec 0,5 g de silice de corne.
Utilisation : Pulvériser finement sur la plante.

PRÉPARATIONS DU COMPOST [3.]

Fonction : Elles favorisent une bonne décomposition du compost, de même qu'une bonne connexion avec les forces cosmiques.
Matériel : Préparations d'écorce de chêne, de fleurs de camomille, d'achillée mille-feuille et de fleurs de valériane.
Utilisation : Insérer dans le compost. Voir également page 80 sqq.

[1.]

[2.]

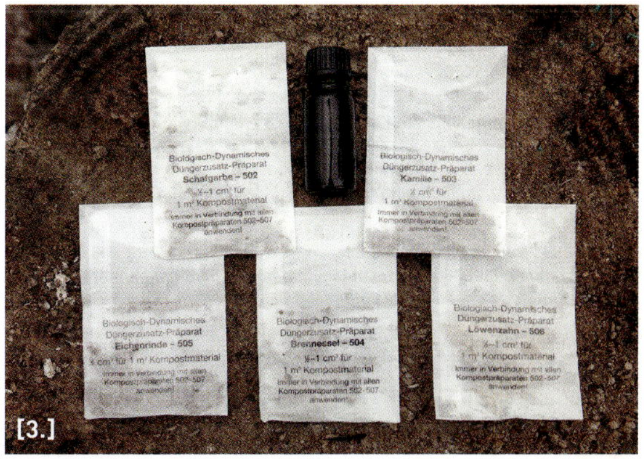

[3.]

[4.]

SEMER

Période de plantation au jardin

AU COURS DU MOIS DE MARS, LA NOUVELLE SAISON DE JARDINAGE PEUT DÉBUTER. DEHORS, LA NATURE S'ÉVEILLE. AU JARDIN ÉGALEMENT C'EST LE MOMENT DE COMMENCER LE TRAVAIL : ON TESTE LA FACULTÉ GERMINATIVE DES GRAINES, ON DISPOSE LES JEUNES PLANTES SUR LES REBORDS DE FENÊTRE. PAR TEMPS DOUX ON PEUT PRÉPARER LE SOL DU JARDIN ET TRÈS VITE LES POUSSES POINTENT. LE PRINTEMPS EST ARRIVÉ !

SEMENCES BIO

La qualité se trouve dans la semence

Utilisez de préférence des semences bio ou biodynamiques. Les plantes issues de ces graines ont déjà, de par leur origine, une meilleure communication avec le sol par leurs racines.

VARIÉTÉS FIXÉES A LA PLACE DES SEMENCES HYBRIDES

Pensez aux variétés fixées lors de l'achat. Les plantes issues de variétés fixées ont les mêmes propriétés positives que la plante-mère et, contrairement aux hybrides, leurs semences peuvent être utilisées pour les semis suivants. Les plantes hybrides ne sont généralement pas capables de se reproduire et ne sont pas capables de transmettre les propriétés souhaitées à la génération de plantes suivante. De ce fait, n'achetez pas de semences hybrides. Il est facile de les identifier grâce à leur étiquette : à côté du nom de l'espèce se trouve la lettre « F » (en botanique la lettre F veut dire « *filia* », du Latin « la fille »).

LES PLANTES HYBRIDES ont été sélectionnées pour une commercialisation mondiale homogène par des procédés spécifiques. Ces hybrides artificiels sont sensibles aux maladies car il leur manque une capacité d'adaptation régionale. Plus de 70 % des variétés de légumes disponibles dans le monde proviennent aujourd'hui de semences hybrides, issues de lieux de production restreints. Ainsi, la diversité des plantes cultivées à l'échelle mondiale diminue de plus en plus.

SEMENCES DURABLES

La faculté germinative est également importante pour la qualité des semences. Sa durée varie selon les espèces de plantes. Parmi les légumes, les Solanacées, comme les tomates, les aubergines ou les poivrons, ont une longue durée de germination de plus de cinq ans. De même, les choux et les Cucurbitacées, tels que les concombres, les potirons ou les courgettes, germent encore après quatre ou cinq ans. Il est possible de semer sans problème la mâche, les betteraves ou les blettes après plusieurs années. Les graines de ciboulette, de panais et de salsifis perdent très vite leur faculté germinative, en général déjà après un an.

Test de germination

Avec ce simple test de germination, vous pouvez évaluer la faculté germinative de vos semences : avec de grosses semences, telles que les haricots ou les pois, comptez 10 graines, avec des semences plus petites, comptez 20 graines ou plus (vous pouvez également prendre 100 graines, si vous ne souhaitez pas calculer), et déposez-les sur du papier de cuisine humide. Enroulez ensuite le papier de cuisine avec les graines et mettez-le dans un sac en plastique dans lequel vous aurez fait quelques trous au préalable. Gardez ensuite le sac au chaud (entre 20 et 25°C). Les plantes germent en quelques jours.

L'idéal est une faculté germinative supérieure à 80%. Si la faculté germinative se situe entre 60 et 80 %, les graines doivent être semées plus en profondeur. Si la faculté germinative est inférieure à 60 %, il ne faut plus utiliser les graines pour la culture de légumes. D'expérience, il ne reste à ces graines que peu de forces vitales. Elles poussent avec hésitation et ne fournissent plus un bon rendement.

BIEN CONSERVER LES SEMENCES

Les semences de grande qualité, lorsqu'elles sont conservées de manière appropriée, peuvent être utilisées pendant des années, même si la date de péremption est dépassée. On doit conserver les graines dans un endroit sombre, sec et frais avec la température la plus constante possible (les températures idéales de stockage se situent entre 4 et 10°C). Vérifiez que les semences soient suffisamment sèches et protégez-les contre les souris et les mites. Les pots en verre avec couvercle vissant sont adaptés pour la conservation. Ceux-ci peuvent être protégés contre la lumière et la température dans un carton ou dans une boite avec un couvercle. Inscrivez les données nécessaires sur les récipients telles que l'espèce, la variété, la date de récolte et la date d'achat.

La qualité de la plante se cache dans la semence : des semences de grande qualité sont un prérequis pour réussir au jardin, pour une bonne récolte et pour une alimentation saine des êtres humains.

POUR LE TERREAU DE SEMIS LE COMPOST DOIT AVOIR MURI UN AN.

[a]

L'essentiel

[a] LE COMPOST doit être bien tamisé, afin que la terre ne contienne pas de gros éléments.

[b] COMPOST, SABLE ET POUDRE DE ROCHE sont les éléments de base pour le terreau de semis. On élabore ce terreau en mélangeant ces trois composants.

[c] LA POUDRE DE ROCHE procure des éléments minéraux aux semis.

[d] ON PLACE LE COMPOST GROSSIER sur du papier journal dans la caisse aux semis, pour faire une « couche de drainage » inférieure.

[b]

[c]

[d]

TERREAU DE SEMIS

à fabriquer soi-même

Ceux qui produisent leurs propres plants peuvent facilement fabriquer leur terreau de semis et de repiquage. Pour cela, il suffit d'un peu de compost, de sable et de poudre de roche.

UN MÉLANGE OPTIMAL DE TERRE ET DE SABLE

A partir de compost mûr, on peut fabriquer son propre terreau de semis et de repiquage. Pour cela, il faut environ de 40 à 50 l de compost mûr, filtré, d'environ un an **[→a]**. Les trous du tamis doivent être d'environ 15 mm x 15 mm. Vous pouvez utiliser un tamis oblique ou bien un tamis à sable rond, 5 mm x 5 mm. Le plus important est que le terreau de semis ne contienne plus de gros morceaux après le tamisage. Les gros morceaux qui restent sont remis au compost.
Le fin terreau de semis est ensuite mélangé avec 30 l de terre de taupinières, ce qui augmente la part minérale de la terre. On ajoute ensuite environ 10 l de sable (par exemple d'un magasin de bricolage) **[→b]** et pour finir un peu de poudre de roche **[→c]**. Ainsi, les jeunes plantes sont approvisionnées en éléments minéraux. N'ajoutez pas d'engrais à ce mélange pour semis car les semis ont besoin d'une terre pauvre en nutriments pour une croissance saine et vigoureuse. On peut pulvériser sur ce mélange de la préparation de bouse de corne dynamisée (voir p. 36), pour soutenir de façon supplémentaire la croissance des futures plantes.

PRÉPARER LES CAISSES POUR LES SEMIS

Pour des semis dans une caisse, on peut utiliser soit une caisse en plastique, soit un cageot en bois. Les cageots en bois doivent être recouverts avec du papier au fond **[→d]**, afin que l'eau ne s'échappe pas trop rapidement. Veillez à disposer d'une table à la bonne hauteur lorsque vous travaillez afin de ménager votre dos. Le fond de la caisse à semis est ensuite recouvert des restes du tamisage, s'il y en a, afin que plus tard l'eau ne demeure pas dans la caisse. En outre, ce matériau placé au fond permet d'économiser un peu de précieux terreau de semis car les jeunes plantes ne restent que quatre à cinq semaines maximum dans la caisse et pendant ce temps elles n'ont pas besoin de beaucoup de place pour les racines.

TERRE DE TAUPINIÈRES. Vous pouvez recueillir de la terre de taupinières lors d'une promenade dans les prés. Il existe sûrement encore des champs près de chez vous où le petit animal peut s'exprimer.

L'essentiel

[a] LORSQUE LA CAISSE EST PRÊTE on la remplit de terre de semis et on tamise une fine couche de terreau de jeunes plantes par-dessus.

[b] LA TERRE EST TASSÉE HARMONIEUSEMENT, afin d'obtenir une surface plane dans la caisse. Ainsi, à l'arrosage, les semences ne flotteront pas dans les creux.

[c] LES SEMENCES SONT RÉPARTIES. Plus les semences sont dispersées de façon régulière, plus les germes auront de la place et plus les jeunes plantes pourront croître avec vigueur.

[a]

[b]

[c]

SEMER DANS DES CAISSES

Faire ses plants à l'intérieur

Au printemps, c'est le moment de faire ses plants sur les rebords de fenêtre, afin de repiquer plus tard les jeunes plants robustes dans le jardin. Les graines sont d'abord semées dans des petites caisses pour être repiquées quelques semaines après.

RELIER À LA TERRE

Lorsque vous remplissez les caisses, vous devez particulièrement faire attention à bien tasser la terre dans les coins, car les coins ont toujours tendance à s'affaisser lors de l'arrosage **[→a]**. Egalisez ensuite la terre, de préférence à l'aide d'une planchette et tassez-la légèrement **[→b]**. Pour finir, tamisez encore un peu de terre de semis au-dessus de la caisse. Il est particulièrement important d'utiliser de la terre de semis tamisée pour les semis délicats tels que le basilic, la salade et le céleri, de sorte que les graines germées puissent mieux pousser dans le sol.
On conserve les gros éléments restant dans le tamis, par exemple pour tapisser le fond de la prochaine caisse. De la même façon, on peut utiliser le reste du précieux terreau de semis tombé sur la table pour la caisse suivante ou pour autre chose.

Plantes de lumière ou d'ombre

A l'éclosion des graines, on distingue les plantes de lumière et d'obscurité. Lorsqu'on sème des graines d'obscurité, les semences doivent être recouvertes d'une fine couche de terre. Les graines de lumière ne sont pas recouvertes de terre **[→c]**. Etalez la terre le plus finement et le plus régulièrement possible au-dessus des germes d'obscurité, car les graines germées doivent pouvoir apercevoir « la lumière du jour » à travers.
Les graines d'obscurité les plus courantes incluent les poivrons, les tomates, le chou, le poireau, le concombre, la courge, les tulipes, les lis.
Les graines de lumière les plus courantes incluent le basilic, la salade, les carottes, le gazon, les pivoines.

ARROSER AVEC LA POMME D'ARROSOIR

L'arrosage ultérieur des semis devra toujours être effectué avec prudence. Il est important d'utiliser un petit arrosoir spécial (arrosoir à semis) avec une fine pomme. Afin que les semences ne soient pas emportées, il faut en plus maintenir le jet hors de la caisse à semis, jusqu'à ce qu'il devienne fin et régulier. Vous pouvez de plus recouvrir la caisse d'un voile, afin de favoriser une humidité uniforme, favorable à la croissance et au maintien d'un bon microclimat dans la caisse. Le voile doit cependant être rapidement retiré après la germination.
Observez quotidiennement la caisse à semis. Dès que les germes apparaissent, ils doivent lever de la terre. En effet, il s'agit d'un véritable tour de force pour les pousses de soulever la terre pour se dresser et de déployer leurs cotylédons. Un arrosage léger avec l'arrosoir à semis soutient les graines germées en les lavant de la terre soulevée.
La caisse à semis doit toujours se trouver dans un endroit clair, de façon que les jeunes plantes ne s'étiolent pas à la recherche de la lumière du soleil. De plus, il est conseillé d'étiqueter la caisse en inscrivant la variété de plantes et la date des semis.

[a]

[b]

[c]

L'essentiel

[a] LE POT est rempli de terreau de plantation qu'on tasse légèrement.

[b] ON RETIRE DÉLICATEMENT la plantule de la caisse et on raccourcit la racine à environ 2 cm.

[c] IL EST IMPORTANT de faire un trou assez important, afin que les plants puissent faire de nouvelles racines, du collet aux feuilles cotylédonaires.

[d] LE COLLET doit complètement disparaître dans la terre. Faites attention en tassant à ne pas casser la pousse.

[d]

REPIQUER

De la place pour les plantules

Repiquer signifie séparer les jeunes plants quelque temps après les semis, afin qu'ils aient plus de place pour devenir des plantes fortes et saines.

Après les semis, les plantules se trouvent compactées les unes à côté des autres. Elles ont besoin de plus d'espace dès que les feuilles typiques de la plante sont apparues. Il faut alors les transférer dans de grands pots ou directement en pleine terre avec suffisamment d'espace entre elles.
Le déracinement des petites plantes, qui sont encore délicates, doit être effectué avec une baguette à repiquer ou bien un petit bâton pointu, tel qu'une pique à brochette. La plantule doit être soigneusement tenue à l'extrémité inférieure et la racine doit être détachée avec la baguette. On met ensuite les plants, seuls ou à deux ou trois dans de grands pots de croissance ou directement en pleine terre et on les arrose soigneusement avec une pomme fine. Replantez uniquement les plantules les plus vigoureuses. C'est seulement à partir d'elles que de belles plantes en bonne santé pourront croître. Le reste des plantules peut être mis au compost.

DES ÉLÉMENTS NUTRITIFS POUR LES JEUNES PLANTES

Si vous avez fabriqué votre propre terreau de semis (voir p. 45), vous pouvez aussi utiliser le mélange terre-sable pour le repiquage de vos plantules. Comme le terreau pour semis est fondamentalement pauvre en nutriments, il est recommandé d'ajouter un peu de poudre de corne, c'est-à-dire environ 40 g pour 10 l de terre.
Grâce à la poudre de corne, la jeune plante aura un peu plus d'azote à disposition, après environ deux semaines en continu, ce qui améliora sa croissance. A la place de la poudre de corne on peut arroser les jeunes plantes repiquées à intervalles réguliers après l'enracinement avec du purin d'ortie dilué dans l'eau d'arrosage. Cela peut aussi couvrir les besoins en azote de la jeune plante. Si la plante manque d'azote disponible, les feuilles deviennent un peu plus claires et la croissance ralentit. N'apportez pas trop de purin, les plantes, une fois dans la plate-bande, feront appel à leur capacité « à chercher l'azote » qui ne doit pas être perturbée par l'épandage d'ortie.

S'HABITUER AU PLEIN AIR

Le choix de mettre les plants directement dans les plates-bandes ou d'abord dans des pots dépend des températures et de l'espèce de plante. Beaucoup de cultures qui aiment la chaleur telles que les concombres, les tomates ou les herbes aromatiques, ne doivent pas être mises dans les plates-bandes avant mi-mai, après les saints de glace. A partir de ce moment, on ne craint plus les gelées nocturnes. Si on commence la culture à l'intérieur, il est recommandé de mettre les plants à l'air libre quelques jours avant de les repiquer pour les habituer à leurs nouvelles conditions en les mettant quotidiennement pendant quelques heures dehors dans un endroit protégé.

[a]

L'essentiel

[a] LA PREMIÈRE ÉTAPE pour la préparation des plates-bandes est l'élimination superficielle des mauvaises herbes. Les racines des adventices peuvent sans problème rester dans la terre.

[b] L'APPORT DE BOUSE DE CORNE stimule la vie de la terre de façon homéopathique, lors du travail du sol.

[c] EN AMEUBLISSANT AVEC UNE FOURCHE-BÊCHE, il faut éviter de retourner la couche du sol.

[d] LE CROC À FUMIER est le meilleur outil pour ameublir le sol.

[e] ENFIN, LE RÂTEAU, permet d'obtenir une plate-bande plane. Les plantes seront heureuses de s'enraciner dans ce sol.

[c]

[d]

[b]

[e]

PLATES-BANDES DU JARDIN

Une bonne préparation pour les semis

Un sol bien travaillé crée les conditions optimales pour la croissance de nos plantes et plus particulièrement pour nos légumes-racine. Dans un jardin bio, on doit cependant renoncer à trop bêcher le sol.

NETTOYER LA PARCELLE

Préparez minutieusement la plate-bande avant les semis. Les mauvaises herbes telles que le mouron des oiseaux, le galinsoga à petites fleurs ou le séneçon seront désherbées superficiellement de 1 à 1,5 cm à l'aide d'une binette [→a]. Les mauvaises herbes vivaces, telles que le pissenlit, doivent être déterrées plus profondément, car chaque morceau de racine de ces plantes continue à pousser en augmentant les mauvaises herbes. Les mauvaises herbes enlevées et les touffes d'herbe peuvent être mises au compost réduites en morceaux. Les racines des touffes d'herbe sont arrachées et remises dans le sol, car les petites racines d'herbes sont importantes pour la vie du sol.
Enfin, on épand en grosses gouttes la bouse de corne, dynamisée pendant une heure (voir p.36) sur la plate-bande préparée, par exemple à l'aide d'une balayette [→b].

AMEUBLIR LE SOL À LA FOURCHE-BÊCHE

Pour le travail du sol suivant, on utilise une fourche-bêche pour ameublir le sol sans le retourner. Grâce à des dents très espacées les unes des autres, peu de lombrics sont coupés lors de l'ameublissement. De plus, le travail à la fourche-bêche est beaucoup moins fatigant que le travail à la bêche. On plante la fourche-bêche légèrement en biais dans le sol, jusqu'au début du manche, on la soulève (de 1 à 2 cm) et on appuie en l'éloignant de l'autre côté [→c]. Le haut du corps accompagne ce mouvement vers l'avant. Faites bien attention à garder une position droite de votre corps afin de ménager votre dos.

APPORTER DU COMPOST

Selon l'espèce de plante ou de légume, on apporte ensuite du compost sur la plate-bande travaillée et on l'incorpore immédiatement superficiellement avec le croc à fumier [→d]. La meilleure période pour cela est la période de végétation qui se situe entre mi-mars et mi-octobre. A ce moment, la température du sol est en général supérieure à 8°C et le compost est à même de développer complètement son effet de levain, essentiel pour la vie du sol. De plus, à partir de cette température, les organismes du sol peuvent commencer leur digestion. Ce processus est appelé « digestion de la vie dans le sol ».

La fine structure du sol

Avec le croc à dents, on réduit ensuite les mottes de terre qui se trouvent à la surface jusqu'à une profondeur de 8 à 10 cm. Pour cela, on pousse le croc diagonalement sur la plate-bande. Avec un râteau à long manche pour le travail debout, on aplanit ensuite complètement les mottes de terre restantes jusqu'à une profondeur de 4 à 6 cm, afin que la plate-bande ait une belle structure complètement régulière dans les deux premiers centimètres [→e].

VOUS POUVEZ TESTER LA QUALITÉ DE VOTRE PRÉPARATION DU SOL, en enfonçant votre main dans le sol jusqu'au poignet. Si vous avez réussi à le faire sans difficulté, le sol est préparé de façon optimale pour les carottes et autres légumes à racines profondes.

L'essentiel

[a] LES RANGS sont tous marqués sur la plate-bande avec un rayonneur que ce soit pour les semis ou le repiquage.

[b] UN MÈTRE PLIANT peut être utile pour mesurer l'espacement entre les plantes, par exemple pour des cultures comme les radis.

[c] UN ESPACEMENT RÉGULIER entre les rangs facilitera le binage entre les rangs, ici par exemple avec un sarcloir oscillant.

[d] LE SILLON est légèrement formé avec les doigts. Une étiquette indique ce qui a été semé.

[a]

[b]

[c]

[d]

SEMIS ET PLANTATION

directement dans les plates-bandes

Lorsque le sol est préparé, c'est-à-dire à partir de mi-mai, la période de culture commence ! Les graines peuvent être directement semées sur les plates-bandes et les jeunes plants peuvent être repiqués. Les jeunes plants doivent être bien renforcés avant d'être repiqués à l'air libre !

Après la préparation de base du sol, les sillons pour les semis sont définis et le début de la plate-bande est marqué par une étiquette sur laquelle figurent les informations importantes telles que la variété et le jour de plantation ou de semis. Une largeur de plate-bande idéale se situe entre 110 et 120 cm. Des plates-bandes plus larges sont plus difficiles à travailler.

TIRER DES SILLONS

Avec ce que l'on appelle un rayonneur, un outil presque professionnel, on peut tirer les sillons **[→a]**. Il permet non seulement de déterminer la distance entre les sillons, mais aussi la profondeur de chaque sillon. Si vous ne disposez pas d'un rayonneur, vous pouvez tirer des rangs avec un manche d'outil. A l'aide d'une cordelette tendue, on obtient des sillons droits. Plus les sillons sont droits, plus les rangées de semis seront droites et plus facile sera la lutte contre les adventices.

L'ESPACEMENT POUR LES PLATES-BANDES

Lors des semis, veillez à garder pour chaque culture des espaces réguliers et optimaux dans la plate-bande. Ainsi vous aurez moins besoin d'éclaircir ultérieurement **[→b]**. L'espace pour les cultures dépend des exigences de l'espèce de légume et de la taille de la houe disponible (une largeur de houe de plus de 3 à 4 cm donne une largeur de rangée optimale). Après l'ensemencement on ferme les sillons de semis à la main, de manière que les semences se trouvent sous 0,5 cm à 1 cm de terre. **[→d]**. Au printemps, on peut recouvrir les semis d'un voile afin d'accélérer la germination.

Des légumes courants

Les petits radis sont par exemple semés à intervalle de 2 cm. Si besoin, mettez un mètre pliant à côté des rangées. On sème les petits radis et le cresson en petite quantité tous les dix jours. Ainsi, vous pourrez régulièrement récolter une quantité limitée car tous les radis ne seront pas mûrs en même temps. Pour le radis noir, on sème toujours deux graines ensemble dans le sillon, tous les 10 cm, afin de garder plus tard le plus beau des deux radis. Les autres radis sont mis au compost. Vous trouverez les distances pour d'autres légumes courants aux pages 138/139.

LES PLANTS SONT REPIQUÉS DANS LES PLATES-BANDES

Lorsqu'on repique les plants, il est important de considérer le besoin de place ainsi que la taille de l'espèce végétale. Pour les plantes aromatiques et les fleurs, on distingue les plantes annuelles des plantes vivaces. On peut planter les plantes annuelles entre les bisannuelles et les vivaces. Les grandes plantes doivent être mises au milieu de la plate-bande, car à cet endroit elles peuvent apporter une dimension créative. Si vous souhaitez obtenir des nuances, par exemple une abondance de fleurs ou de couleurs, il vous faudra toujours rassembler des groupes de trois à cinq plantes.
Les plantules doivent être suffisamment arrosées avant le repiquage. On creuse ensuite des trous, au moins deux fois plus profonds que la motte de racines de la plante. Afin que les plantes s'enracinent correctement dans le sol du jardin, il faut penser à bien les arroser après la plantation.

[a]

[b]

[c]

[d]

L'essentiel

[a] JE SUIS IMPATIENT de voir poindre les premiers germes. Lorsqu'ils apparaissent dans la plate-bande, on peut commencer avec précaution l'ameublissement du sol pour lutter contre les mauvaises herbes.

[b] LORSQUE LE RANG DE SEMIS est visible, il faut le surveiller, afin d'entreprendre des actions précoces contre les animaux nuisibles tels que les escargots ou les altises.

[c] LE STADE DU COTYLÉDON est le meilleur moment pour éclaircir et faire de la place dans le rang aux plantes les plus vigoureuses.

[d] POUR CELA, ON A RECOURS à un «tableau de mensurations » simple : une largeur de doigt = 2 cm (bon pour les radis), une largeur de main = 25 cm (bon pour la laitue).

ECLAIRCIR LES PLANTES

Pas d'embouteillage dans les plates-bandes

Si votre semis pousse de façon dense, il doit être éclairci le plus tôt possible. Si l'espèce de plante le permet, il est possible de replanter les jeunes plants à d'autres endroits.

En premier lieu, essayez d'éviter de semer trop serré. Dans le cas contraire, vous devrez enlever inutilement beaucoup de petites plantes germées. Outre le coût, cela demande un travail supplémentaire. De plus, certains légumes ne sont pas faciles à repiquer. Les carottes par exemple, deviennent habituellement cagneuses, c'est-à-dire qu'elles forment plusieurs racines à la place d'une seule.

ASTUCES POUR DE BONS ESPACES

L'expérience montre que les semis trop denses concernent principalement les carottes et les salades. Vous pouvez éviter cela de la façon suivante : mélanger aux semences du sable sec ou de très vieilles semences de la même espèce. Ainsi, par la force des choses, les écarts seront plus grands.
Vous pouvez également acheter dans le commerce spécialisé, des graines préparées telles que des graines en pilule ou des graines en ruban. Cependant, ces semences ne se conservent pas longtemps. De ce fait, achetez-en uniquement pour votre besoin annuel, selon la planification de vos cultures.

DES LÉGUMES QUI POUSSENT RAPIDEMENT : LES RADIS

Environ une ou deux semaines après les semis, on éclaircit les radis. Ce légume qui pousse rapidement a ainsi suffisamment de place pour former de belles racines. Les radis germent même si on ne les arrose pas, car ils germent facilement. L'intervalle entre deux plants de radis doit être de deux largeurs de doigt. Les plants qui sont trop proches sont retirés du rang et mis au compost. Ne prenez pas la peine de replanter ces plantules. Elles ne feront pas de belles racines. Arrosez ensuite les radis restants.

PLANTS DE FLEURS

Les fleurs d'été peuvent être directement semées et cultivées sur une plate-bande séparée. Elles ne seront pas éclaircies plus tard mais les plus vigoureuses d'entre elles seront replantées dans une autre plate-bande. La même chose vaut pour le chou, le poireau et la salade. Pour chaque plante, faites bien attention à la bonne distance (voir tableaux p. 138-139 et p. 182-183).

FAMILLES DE PLANTES

les comprendre et les reconnaître

Le règne végétal est divisé en familles. On peut reconnaître l'appartenance à une famille le plus souvent grâce aux caractéristiques des fleurs. Cette connaissance a une valeur inestimable pour la rotation des cultures.

LES SOLANACÉES [1.]

Solanaceae

Signe distinctif : Les cinq sépales et les cinq pétales, qui sont souvent soudés ensemble, sont caractéristiques. Les pétales poussent le plus souvent en tube ou en entonnoir.
Représentants : Tomate, aubergine, poivron, pomme de terre, tabac d'ornement, physalis, pétunia, brugmansia.
Culture : Plantes ayant moyennement ou beaucoup besoin de nutriments. Il est recommandé de faire une pause de culture de deux ans, afin de ménager le sol. Une culture l'année suivante est pourtant tolérée.
Spécificité : Beaucoup de plantes contiennent des substances toxiques (alcaloïdes, stéroïdes).

LES CUCURBITACÉES [2.]

Cucurbitaceae

Signe distinctif : Le plus souvent des plantes herbacées avec des vrilles et de profondes racines pivotantes, ainsi qu'un dense réseau de racines latérales (près du sol). De grands pétales voyants avec un ovaire caractéristique (en dessous des sépales).
Représentants : Concombre, courge, melon, courgette.
Culture : Nécessitent beaucoup de nutriments. De ce fait, choisir l'année suivante des espèces qui ont peu besoin de nutriments. L'idéal est une culture associée.
Spécificité : Les fruits creusés des calebasses ou des courges cireuses peuvent servir de récipients naturels.

LES LAMIACÉS [3.]

Lamiaceae

Signes distinctifs : Une inflorescence avec deux lèvres ; les fleurs sont souvent réunies en verticilles denses. La tige est souvent carrée. Il n'y a pas de stipules.
Représentants : Basilic, sarriette, lavande, menthe poivrée, sauge, mélisse citronnelle, lamier, thym, romarin.
Culture : Dans les régions où l'hiver est doux, idéales comme épices et herbes médicinales. Certaines plantes d'ornement, telles que le coléus, la monarde, la cataire, sont intéressantes et riches en couleur.
Spécificité : Plusieurs d'entre elles contiennent des huiles essentielles aromatiques.

LES FABACÉES [4.]

Fabaceae

Signes distinctifs : Fleurs simples en grappes, en épis ou en pseudo-capitules. Les pétales sont spécialisés en étendard, carène et aile caractéristiques formant une

sorte de papillon (l'ancien nom de la famille est Papilionacées).
Représentants : Haricots nains, haricots à rames, petits pois, pois chiches, lentilles, lupins, luzerne, genêt, vesce.
Culture : Il faut laisser un intervalle d'au moins trois ans pour les haricots et au minimum de cinq ans pour les petits pois entre les cultures.
Astuce : Laissez les racines de Fabacées dans le sol après la récolte. La culture suivante pourra facilement bénéficier de l'azote emmagasiné. Précieux engrais vert !

LES APIACÉES [5.]

Apiaceae
Signes distinctifs : Grandes inflorescences en forme d'ombelle avec des sépales peu apparents.
Représentants : Carotte, persil, céleri, céleri branche, panais, aneth, coriandre, fenouil.
Culture : Observez au moins deux ans d'intervalle entres les cultures pour ménager le sol.
Spécificité : Beaucoup de plantes contiennent des huiles essentielles et ont de multiples utilisations en tant qu'épices ou plantes médicinales. Exception : les carottes et les panais qui sont appréciés en tant que légumes nourrissants.

LES ASTÉRACÉES [6.]

Asteraceae
Signe distinctif : Fleurs colorées imposantes en capitules formés d'innombrables fleurs uniques.
Représentants : Artichaut, camomille, souci des jardins, chicorée, laitue, topinambour, scorsonère, cosmos, dahlia, gazania, tagète, tournesol, galinsoga.
Culture : Peuvent être remises sur les surfaces sans problème après une pause de culture d'un an. Très indiquées pour les pré-cultures et après-cultures qui demandent peu de soins, l'idéal étant les différentes salades.
Spécificité : Plusieurs plantes contiennent des huiles essentielles, ainsi que de « la substance de réserve » et de l'inuline qui possède une haute valeur médicinale et nutritive.

LES ALLIACÉES [7.]

Alliaceae
Signe distinctif : Feuillage à bords lisses avec des nervures parallèles. Les oignons qui se forment sont des organes de survie hivernale.
Représentants : Toutes les espèces d'oignons, poireaux, ciboulette, ail.
Culture : Un intervalle de minimum deux ans entre les cultures est conseillé pour préserver le sol.
Astuce : Le poireau, et l'ail en particulier, sont efficaces contre la cloque du pêcher et de l'amandier. Ayant le même effet, mais visuellement plus beau : l'ail décoratif avec des fleurs spécifiques.

LES BRASSICACÉES [8.]

Brassicaceae
Signe distinctif : Quatre pétales en forme de croix caractéristique.
Représentants : Toutes les espèces de choux, moutarde, radis, cresson, radis noir, roquette, navet.
Culture : A cause de leurs besoins élevés en nutriments les Brassicacées épuisent très rapidement le sol. De ce fait, la pause de culture doit être d'au moins cinq ans. Les cultures associées facilitent le travail au jardin et couvrent vos besoins de légumes variés.
Astuce : Plates-bandes classiques : radis, chou vert, chou rouge et chou-rave. Faciles à entretenir, attrayants et abondants.

[5.]

[6.]

[7.]

[8.]

[a]

[b]

L'essentiel

[a] L'HERBE EST ENLEVÉE et le trou est creusé suffisamment profond, environ un tiers plus profond que la racine de l'arbre.

[b] ON REMPLIT LE TROU avec la terre retirée et du bon compost.

[c] ON POSE L'ARBRE bien droit au milieu du trou et on remplit le trou avec le mélange de compost. Grâce à de légères pressions, les racines sont bien liées avec la terre ameublie.

[d] UN APPORT EN EAU GÉNÉREUX favorise une croissance rapide.

[c]

[d]

ARBRES ET ARBUSTES

C'est le moment de planter !

L'automne est la meilleure saison pour planter des arbres et des arbustes au jardin. Ils peuvent ainsi former leurs fines racines en hiver et débourrer avec plus de force au printemps.

Ceux qui commencent à jardiner tôt dans l'année peuvent également planter sans problème des arbres à racines nues (sans motte) au printemps, lors des jours sans gel. Les plants avec la motte ou en container peuvent généralement être plantés tout au long de l'année les jours sans gel.

CREUSER UN TROU POUR LA PLANTE ET LE PRÉPARER

Pour planter un arbre d'une hauteur d'environ 80 à 100 cm ou un arbuste à petits fruits (excepté les myrtilles et les baies de Goji, qui nécessitent une terre de bruyère) on doit tout d'abord creuser un trou d'au moins une bêche et demie de profondeur et d'environ 40 à 50 cm de largeur.

Tout d'abord, on enlève le gazon sur une profondeur de 5 à 7 cm [→a]. Celui-ci pourra être mis plus tard au compost, coupé en petits morceaux. Disposez la terre retirée du trou dans une brouette. Mélangée au compost, elle servira plus tard à remplir le trou.

Lorsqu'on a fini de creuser le trou, on ameublit le sol du fond sur une profondeur d'environ 10 cm, afin que les racines puissent continuer à bien pousser. Dans le trou, on ajoute du compost pas entièrement décomposé dans une proportion de 50%-50% en le mélangeant à la terre ameublie [→b]. Sur le sol ainsi préparé, on dispose alors l'arbre ou l'arbuste [→c].

La terre mise dans la brouette est aussi mélangée à du compost pas entièrement décomposé (proportion de 50%-50%) et le trou en est rempli. Veillez à ce que la plante soit droite lors du remplissage. La terre qu'on met dans le trou doit être le plus meuble possible, afin que la plante puisse bien pousser. Ne remplissez pas complètement le trou, mais arrêtez-vous 5 cm avant, afin que l'eau puisse bien pénétrer dans la terre lors de l'arrosage. Arrosez abondamment avec environ 40 l d'eau. [→d]. Après l'arrosage, il faut remplir le trou jusqu'au niveau du sol.

UNE COUCHE DE MULCH COMME PROTECTION

Vous pourrez décider plus tard, lorsque la plante aura adopté pleinement son emplacement, si vous laissez à la plante ce qu'on nomme un disque, c'est-à-dire que vous ne replanterez pas de gazon sur le trou, ou si vous laisserez l'herbe pousser jusqu'au tronc. Jusqu'à ce moment, couvrez toute la surface du trou de tonte de gazon comme protection. De plus, cette couche de mulch dispense d'arroser fréquemment. Faites attention lorsque vous tondez la pelouse à ne pas endommager l'écorce.

UN BON SUPPORT

Lorsque vous plantez un arbre le tronc a besoin d'un support. Un piquet soutient la croissance du jeune arbre, car les vents peuvent faire vibrer de façon trop forte les jeunes racines et ralentir la croissance. Lorsque plus tard l'arbre aura des fruits, ses branches devront être protégées de manière similaire, afin qu'elles ne cassent pas sous le poids des fruits. Ceci vaut particulièrement pour les arbres en espalier.

[a]

[c]

[b]

L'essentiel

[a] DE GROS TESSONS de terre cuite ou bien des galets servent de drainage et recouvrent le fond du récipient, afin que l'eau d'arrosage puisse s'écouler de façon contrôlée.

[b] ON REMPLIT le pot d'un mélange de terre correspondant aux besoins de la plante. Pour les plantes grimpantes ou celles de haute taille, on peut mettre le tuteur directement dans le pot.

[c] SELON L'ESPÈCE DE PLANTES on peut mettre jusqu'à trois plantules dans un pot.

[d] IL EST IMPORTANT d'avoir un bord d'arrosage de 2 à 3 cm afin qu'un apport en eau suffisant puisse être lentement incorporé.

[d]

POTS ET JARDINIÈRES

Préparer et planter

Ceux qui possèdent uniquement un petit jardin ou qui ne disposent pas de leur propre « lopin », peuvent jardiner dans des récipients. Afin que cela reste un plaisir, certaines règles doivent être observées.

Choisissez un récipient qui convienne à la plante que vous avez choisie. L'idéal pour des plants de tomates individuels est par exemple d'utiliser des récipients capables de contenir un volume de 10 l ou plus. Le persil, le basilic ou la ciboulette, de même que d'autres herbes condimentaires annuelles ont besoin d'un pot d'au moins 1 l par plante. Suivez les mêmes principes de base pour des récipients contenant un mélange de plantes, celles-ci vous remercieront.

EVITER LA STAGNATION D'HUMIDITÉ

Les récipients spéciaux pour plantes possèdent généralement un trou au fond. Si vous souhaitez fabriquer vous-même un contenant pour plantes, par exemple à partir d'un baquet ou d'une auge en béton, il vous faudra vous-même percer un trou dans le fond du récipient. Les trous servent à ce que le surplus d'eau puisse s'écouler après l'arrosage ou la pluie. Les mêmes recommandations valent pour des bacs en pierre. Afin d'éviter un engorgement, on a d'abord besoin pour les grands récipients d'une couche de drainage. Ensuite, on ajoute une couche de gravier, d'environ 10 à 15 cm. Grâce à son poids, le gravier apporte en plus de la stabilité. La couche de gravier peut aussi être constituée de tessons d'anciens pots de fleurs **[→a]**.

DE LA TERRE RICHE EN NUTRIMENTS POUR LES POTS

L'étape suivante est de remplir les pots de terre. Pour cela, mélangez une part de votre propre compost avec une part de terre du jardin. Ceux qui achètent des mélanges tout faits devront choisir des mélanges argileux car ceux-ci retiennent mieux l'eau. Un remplissage uniquement avec du compost n'est pas conseillé, car la capacité du compost à retenir l'eau est faible. Le récipient est rempli de terre jusqu'à 5 cm en dessous du bord **[→b]** et celle-ci est bien tassée. Le reste du volume constitue ce qu'on appelle un bord d'arrosage, de sorte que l'eau puisse être lentement incorporée.

ARROSER DE FAÇON EFFICACE

Après la plantation, il faut bien arroser **[→d]**. Le récipient doit ensuite être posé sur une soucoupe. Celle-ci recueille l'excédent d'eau dû à l'arrosage régulier et protège le balcon. Cependant, veillez à mettre une quantité d'eau telle qu'il n'y en ait quasiment pas dans la soucoupe. Considérez les choses ainsi : après chaque arrosage généreux, lorsque la soucoupe est trop pleine, les nutriments s'échappent. L'équilibre est ensuite plus difficile à retrouver dans les pots que dans le sol du jardin.

JARDINER EN POT

sur un petit espace

Les légumes, les fruits et les plantes condimentaires poussent sur un petit espace. Des aliments sains et délicieux peuvent aussi être cultivés dans des pots et jardinières, sur un balcon, une terrasse ou sur les rebords de fenêtre.

DE LA PLACE POUR POUSSER

Le meilleur emplacement est l'endroit le plus ensoleillé : les fruits pourront ainsi bien mûrir et les plantes condimentaires pourront développer tout leur arôme. Lorsque vous choisissez un emplacement, prenez en considération la taille finale de vos plantes et choisissez des pots suffisamment grands pour que les plantes puissent croître. Il est préférable de prendre un pot trop grand plutôt que trop petit. Le cas échéant, changez de pot si celui-ci devient trop petit au cours du temps.

Protection contre le froid

Si vos pots restent à l'extérieur en hiver, utilisez des récipients résistants au froid. Ceux-ci doivent être plus grands que les pots habituels, afin que les racines de la plante ne gèlent pas complètement en hiver. Si vous avez la possibilité de mettre vos plantes en pots dans un endroit lumineux, protégé du gel pour l'hiver, vous n'avez pas besoin de récipients spéciaux. Les récipients ordinaires sont considérablement moins lourds que ceux résistants au gel. Les plantes qui résistent au gel (entre autres les vivaces et les arbres) sont placées à l'extérieur à l'abri d'un mur. Les pots doivent en plus être protégés par un revêtement et les plantes doivent être recouvertes par du bois mort ou du jute.

DU TERREAU POUR CEUX QUI JARDINENT EN POT

Le commerce propose une grande variété de substrats pour ceux qui jardinent en pot. Veillez à utiliser de la terre sans tourbe, ou pauvre en tourbe, qui contient en plus des composants minéraux. N'utilisez pas de compost pur !
Vous aiderez vos plantes, en mélangeant la terre que vous avez achetée avec de l'argile, particulièrement pour les substrats qui contiennent de la tourbe. Mélangez la terre avec de la poudre d'argile (rapport de 90%-10%), qui est également disponible dans le commerce. Pour les plantes qui ont un grand besoin en nutriments telles que les aubergines, les poivrons et les tomates, il est utile de mélanger à la terre de la corne broyée, en différentes granulométries, riche en nutriments.
Vous pouvez aussi vous procurer simplement un bon terreau, en récoltant de la terre de taupinière lors d'une promenade dans les prés. Il s'agit d'une fantastique terre meuble, riche en nutriments, qui se prête bien à la fabrication de mélanges de terre. La quantité élevée de nutriments dans les substrats est importante, afin de permettre aux plantes en pots d'avoir un bon approvisionnement en nourriture sur le long terme. Ceux qui recyclent eux-mêmes les restes de fruits et légumes, etc. de la maison, peuvent même fabriquer eux-mêmes leur propre terre sur le balcon ou la terrasse. Le compostage sur le balcon est simple et peut être réalisé sur un tout petit espace (voir p. 77).

DE L'ENGRAIS POUR LES PLANTES EN POTS

Si les plantes montrent des signes de « famine», il faut immédiatement leur apporter de l'engrais, par exemple du purin d'ortie ou un engrais liquide organique du commerce. Avec un purin fabriqué vous-même à partir d'orties et de feuilles de consoude (voir p. 113), vous pourrez engraisser régulièrement vos plantes en pot sur le long terme pour toute la période de croissance, tous les 14 jours en cas de besoin.

DES SOINS DANS LES BACS

Les soins ultérieurs des plantes, comme par exemple pincer les tomates, attacher les plantes qui poussent en hauteur, enlever régulièrement les fleurs fanées pour les plantes ornementales ou assimilées, correspondent aux mesures de soins habituelles du jardinage. Les plantes en pots et en jardinières ne peuvent pas bénéficier de la même influence des forces cosmiques que les plantes directement enracinées dans le sol. Une certaine influence est toutefois possible.

LÉGUMES

pour les jardinières de balcon

Sur ces pages nous avons rassemblé une sélection de légumes qui peuvent très bien être cultivés dans des pots ou des jardinières. Ceux-ci constituent un enrichissement pour votre balcon.

TOMATE [1.]

Lycopersicon esculentum

Famille : Solanacées

Appartenance : Plante-fruit

Aspect : Les tomates sont des plantes buissonnantes. Il en existe de nombreuses variétés : tomates rondes, tomates cœur de bœuf, tomates prunes, tomates cerises. La palette de couleurs va du jaune clair au rouge foncé et au violet. Les plantes ont une hauteur de 30 à 200 cm.

Soins : Les tomates aiment une terre perméable, riche en humus, en sable et en nutriments et nécessitent un emplacement ensoleillé. Elles ne doivent jamais avoir soif mais il faut éviter la stagnation d'eau. Les plantes ont besoin d'un tuteur, auquel elles sont attachées. On doit régulièrement enlever les gourmands sur la tige. En août, elles sont étêtées. En automne, on peut laisser mûrir les derniers fruits à l'intérieur.

Problèmes : Mouches blanches, pucerons, mildiou.

Multiplication : Semis sous abri en mars/avril.

Récolte : De juillet à octobre.

COURGETTE [2.]

Cucurbita pepo

Famille : Cucurbitacées

Appartenance : Plante-fruit

Aspect : Les courgettes sont des plantes impressionnantes avec de grandes fleurs décoratives. Vous pouvez choisir entre des variétés vertes, vert-noir ou jaunes. De plus, il existe des variétés en buissons ou grimpantes qu'on peut tirer vers le haut sur des treillis. Les plantes atteignent une taille entre 30 et 70 cm.

Soins : Arroser et engraisser est essentiel pour la croissance. Le substrat de terre doit être perméable, riche en nutriments et en humus. Ne laissez pas les fruits devenir trop gros car ils perdent en arôme. Le mieux est une longueur de 15 à 20 cm à la récolte. Les plantes ont besoin d'un endroit ensoleillé.

Problèmes : Escargots, oïdium.

Multiplication : Les plants de courgettes sont cultivés à partir de mars sur les bords de fenêtre et repiqués mi-mai dehors. Chaque plante a besoin d'un gros pot ou d'une jardinière (minimum 45 cm de diamètre).

Récolte : De juin à octobre.

AUBERGINE [3].

Solanum melongena

Famille : Solanacées

Appartenance : Plante-fruit

Aspect : Plantes dressées avec des fruits en forme d'œuf et de belles fleurs mauves.

Soins : Légumes qui ont un grand besoin de chaleur et d'un emplacement ensoleillé et

protégé à l'extérieur. Soutenir les plantes élevées en été. Enlever les gourmands. Raccourcir les branches principales. Bien approvisionner en eau.
Problèmes : Tetranychidae, mouches blanches, pourriture apicale.
Multiplication : Semis sous abri de mars à avril. Repiquer après deux trois semaines. Endurcir quelques jours avant le repiquage. A partir de mi-mai les plantes peuvent rester dehors. Il vous faut un pot d'au moins 10 l . Laisser seulement environ trois fruits par plante.
Récolte : A partir d'août.

ARTICHAUT [4.]

Cynara cardunculus Scolymus
Famille : Astéracées
Appartenance : Plante-fleur
Aspect : Plante en forme de chardon, qui peut atteindre une taille de 200 cm. Fait de belles fleurs de couleur violette avec un réceptacle charnu à partir d'août. Celui-ci peut être mangé, de même que les feuilles dans la partie inférieure de la fleur.
Soins : Les artichauts ont un grand besoin en chaleur. De ce fait, choisissez leur un emplacement ensoleillé et protégé sur le balcon ou la terrasse. En outre, ils ont un grand besoin en eau.
Problèmes : Pucerons noirs de la fève.
Multiplication : Pré-culture à l'intérieur à partir de mars. A partir de mi-mai, les plants peuvent être transplantés dans de gros baquets profonds d'un volume minimum de 20 l. Ils ont besoin d'un substrat de sable et d'humus.
Récolte: De juillet à septembre. Les fleurs doivent encore être fermées.

BETTE [5.]

Beta vulgaris ssp. *cicla*
Famille : Chénopodiacées
Appartenance : Plante-fruit
Aspect : On distingue les feuilles qui ressemblent à des épinards des cardes. Taille : jusqu'à 40 cm.
Soins : Choisissez un substrat de terreau, perméable, humique, avec une teneur moyenne en nutriments, à un emplacement ensoleillé.
Problèmes : Limaces, pucerons, bremia.
Multiplication : On sème à intervalles de 25 cm à partir de mars-avril jusqu'à juin (dans toutes les directions). Un peu plus pour les cardes. Au bout de huit semaines les feuilles peuvent être récoltées, les cardes au bout de douze semaines.
Récolte : De juillet à octobre/novembre.

POIVRON [6.]

Capsicum annuum
Famille : Solanacées
Appartenance : Plante-fruit
Aspect : Le poivron forme des petits pieds avec des fruits qui peuvent être verts, jaunes, oranges, rouges et rouge-violet. La plante atteint une hauteur de 40 à 100 cm.
Soins : Ce légume exigeant requiert un emplacement ensoleillé avec une terre perméable, sableuse et humique et un apport fréquent en eau.
Multiplication : Semis sous abri (mars-avril). Après les saints de glace jusqu'à début juin on met les plantes dans des pots individuels. Choisissez leur un emplacement chaud. Les fruits verts peuvent être récoltés plus tôt. On laisse les autres mûrir complètement.
Problèmes : Mouches blanches, pucerons, Tetranychidae, pourriture grise.
Récolte : De juillet à octobre.

D'AUTRES LÉGUMES POUR LES POTS ET JARDINIÈRES : **Pomme de terre (récolte d'août à octobre), brocoli (récolte de juillet à octobre), chou-fleur (récolte de juin à novembre), haricot (récolte de juillet à octobre), chou-rave (récolte de juillet à octobre), concombre (récolte de juillet à septembre).**

[4.]

[5.]

[6.]

[1.]

[2.]

[3.]

PLANTES CONDIMENTAIRES

Des arômes dans les pots et les jardinières

Le choix des plantes condimentaires est immense. Grand nombre d'entre elles peuvent être cultivées dans des récipients. Nous avons ici rassemblé nos favorites pour la culture en pot.

PERSIL [1.]

Petroselinum crispum
Famille : Apiacées
Appartenance : Plante-feuille
Aspect : Cette herbe condimentaire bisannuelle a une taille comprise entre 15 et 25 cm.
Floraison : Jaune-vert fade de juillet à août.
Soins : La plante a besoin d'un emplacement ensoleillé ou mi- ombragé. Choisissez des substrats fertiles, perméables, de moyennement à riche en nutriments. Changez de place ou de pot chaque année pour éviter un appauvrissement en nutriments. Faites attention à apporter suffisamment d'eau. La sécheresse n'est pas bien supportée.
Multiplication : Semis en mars ou juin. Les semences mettent longtemps à lever !

CIBOULETTE [2.]

Allium schoenoprasum
Famille : Alliacées
Appartenance : Plante-feuille
Aspect : Cette plante condimentaire vivace pousse droit avec de nombreuses tiges rapprochées en formant une touffe. Elle atteint entre 20 et 30 cm.
Floraison : Violette de juin à août.
Soins : La plante a besoin d'un emplacement ensoleillé et aime une terre perméable, sablo-argileuse avec une teneur en nutriments de moyenne à haute. La ciboulette est adaptée à tout type de récipients et peut vous approvisionner en condiments frais tout au long de l'année. En hiver, vous pouvez faire pousser cette herbe appréciée en cuisine dans un pot sur les rebords de fenêtre.
Récolte : Les tiges fraîches, fleurs consommables pour la salade.
Problèmes : Mildiou.
Multiplication : Semis, division de toute la plante.

SAUGE [3.]

Salvia officinalis
Famille : Lamiacées
Appartenance : Plante-feuille
Aspect: La sauge vivace pousse droit en touffe et atteint de 50 à 70 cm. Il existe de nombreuses variétés dans différents tons vert-rouge de même que dans des couleurs blanc-vert ou argentées.
Floraison : Bleu-violet de juin à août.
Soins : La plante requiert un emplacement ensoleillé et préfère une terre perméable, calcaire, sableuse-argileuse avec une teneur moyenne en nutriments. Elle ne supporte pas la stagnation. En automne ou au printemps, on taille la sauge jusqu'au vieux bois. Dans les climats rudes, une protection d'hiver est recommandée.
Multiplication : Semis en pleine terre à partir de mars. Les boutures au début de l'été.

Variétés: La sauge ananas (*Salvia elegans*), qui a un intense arôme d'ananas est assurément sensible au gel. La sauge *Salvia* x *jamensis* qui a un arôme de pêche est également sensible au gel. La sauge officinale (*Salvia officinalis* «Icterina ») a des feuilles voyantes jaune-vert. La sauge officinale (*Salvia officinalis* « Purpurascens ») développe des feuilles d'un intense vert-pourpre.

MENTHE POIVRÉE[4.]

Mentha × piperita

Famille : Lamiacées
Appartenance : Plante-feuille
Floraison : Blanche, rose, violette de juillet à septembre.
Aspect : Cette plante aromatique vivace pour la cuisine et les tisanes forme des tiges verticales luxuriantes et atteint de 30 à 60 cm.
Soins : La menthe poivrée a besoin d'un emplacement ensoleillé et aime la terre sableuse humique, riche en nutriments. L'engorgement en eau ainsi que la sécheresse doivent être évités. Cette plante médicinale traditionnelle a tendance à proliférer. C'est pourquoi dans les plates-bandes, il faut la mettre dans des pots enfouis dans la terre. En pots ou en caisse, on peut la cultiver isolément ou associée à d'autres plantes traditionnelles.
Multiplication: Boutures, stolons, division.
Indication : Il y a d'innombrables variétés de menthe. De la menthe-pomme, à la menthe-ananas, la menthe crépue, la menthe marocaine, la menthe turque etc. Il y en a pour tous les goûts.

CAPUCINE [5.]

Tropaeolum majus

Famille : Tropaeloacées
Appartenance: Plante-feuille. Si les fleurs sont utilisées pour la consommation, elles peuvent également être cultivées pour l'ornement.
Aspect : Cette plante annuelle peut être grimpante sur un treillis ou rampante pour recouvrir le sol. Ses tiges vrillées peuvent atteindre de 1,5 à 3 mètres.
Floraison : Jaune, orange ou rouge, également multicolore de juin à octobre.
Soins : Les capucines ont besoin d'un emplacement ensoleillé à mi- ombragé. Elles préfèrent de la terre fertile, perméable avec une haute teneur en nutriments. On devra toutefois éviter de fortes fertilisations, favorisant la prolifération végétative. Elles ne supportent pas la sécheresse. En outre, la plante est sensible au gel. Il ne faut la sortir qu'après les saints de glace.
Problèmes : Sujette aux pucerons.
Multiplication : Semis annuels.
Variétés et espèce : Il existe des variétés avec des feuilles panachées. Le *Tropaeolum peregrinum* possède des fleurs fortement frangées inhabituelles de juin à octobre. Enlever régulièrement les amorces de graines, pour conserver une grande floraison.

MÉLISSE OFFICINALE [6.]

Melissa officinalis

Famille : Lamiacées
Appartenance : Plante-feuille
Aspect : Cette plante aromatique pousse en touffe. Elle peut atteindre une taille de 50 à 80 cm.
Floraison : Blanc pâle de juin à août.
Soins : La plante s'adapte bien, mais préfère un emplacement ensoleillé avec de la terre perméable et une teneur moyenne en nutriments. Mettez-la à un endroit chaud et protégé. Sur un terrain accidenté, une protection d'hiver est recommandée. On peut couper toute la partie supérieure au sol à la fin de l'automne. La plante se propage facilement (aux endroits lui convenant) et s'étend dans tout le jardin.
Multiplication : Bouture, division.

D'AUTRES PLANTES CONDIMENTAIRES POUR LES POTS ET JARDINIÈRES : Basilic, lavande, thym, origan, marjolaine.

[4.]

[5.]

[6.]

[1.]

[2.]

[3.]

FRUITS A CROQUER

pour un espace limité

Même sur la terrasse ou le balcon on ne doit pas renoncer à cultiver des fruits. De nos jours il est possible d'acheter des mini-variétés de quasiment toutes les espèces fruitières.

CERISIER [1.]

Prunus

Appartenance : Plante-fruit.

Aspect : Les griottiers sont des arbustes arborescents ou de petits arbres à croissance rapide. De ce fait, ils sont aussi bien adaptés pour la culture en pots. La couleur et la forme des fruits varie selon les variétés, de rouge pâle à un rouge brun sombre, et de très ronde à allongée. Il existe des variétés très aigres, moyennement aigres et aigres-douces. De plus, il existe pour le balcon ou la terrasse des cerises sucrées en colonne compactes qui poussent rapidement, qui ont un bon goût et des fruits résistant à l'éclatement.

Soins : Les griottiers font certainement partie des arbres fruitiers les moins exigeants. Un sol perméable est souhaité. Il faut éviter l'engorgement d'eau. Il existe des variétés auto-fécondes et des variétés à fécondation croisée. Ces dernières sont rares et ont absolument besoin d'un cerisier d'une deuxième variété. Comme les griottiers forment les fruits sur la pousse annuelle, on doit tailler de façon préventive. Ainsi on taille deux trois bourgeons en août. Les pousses verticales qui se trouvent sur le haut des branches doivent aussi être enlevées.

Problèmes : Moniliose.

Récolte : De juin à juillet.

FIGUIER [2.]

Ficus carica

Appartenance : Plante-fruit.

Aspect : Un arbre à belles feuilles de taille moyenne, qui au cours des années se développe pour former un arbuste voir un arbre de 2 à 3 m de haut.

Soins : Cet arbre fruitier nécessite un emplacement ensoleillé. Le besoin en nutriments est important jusqu'en août, le besoin en eau élevé. Ne pas laisser sécher. Ecimer plusieurs fois les jeunes plantes pour obtenir une structure ramifiée.

Problèmes : Acariens.

Hiver : Lorsque les feuilles sont tombées il faut mettre le figuier à un endroit sombre entre 0 et 10°C. Dans les régions au climat doux, les plantes peuvent rester dehors avec une protection contre le froid.

Récolte : D'août à septembre.

POIRIER [3.]

Pyrus communis

Appartenance : Plante-fruit.

Aspect : Les poires en pot sont cultivées en demi-tige, ou basse-tige, en palmette ou en cordon.

Soins : Un endroit ensoleillé avec un substrat humique. Elagages réguliers selon le type de culture. Apport d'engrais à la fructification.

Problèmes : Tavelure, rouille grillagée du poirier, moniliose, pucerons.

Hiver : Les pots doivent être protégés par une protection antigel ou des branchages. La terre ne doit pas sécher complètement. Ainsi, on peut aussi arroser les jours sans gel.
Récolte : D'août à octobre.

POMMIER [4.]

Malus avec différentes variétés
Appartenance : Plante-fruit.
Aspect : Il existe quelques variétés pour le balcon et la terrasse, qui sont proposées en tant que mini-pommiers, Ballerina, pommiers nains, pommiers colonnaires. Ils atteignent une taille d'environ 2 à 3 m et peuvent être facilement cultivés en pot. La couleur et l'arôme des fruits dépendent de la variété. Lors de l'achat, veillez à choisir des variétés résistantes aux maladies.
Soins : Choisissez de la terre perméable et humique. Cet arbre fruitier nécessite un emplacement ensoleillé. La stagnation d'eau et la sécheresse doivent être évitées. La taille doit être effectuée à la fin de l'automne ou au début du printemps lorsqu' il n'y a pas de gel. Pensez à toujours planter deux variétés différentes pour avoir une bonne pollinisation. Les deux variétés doivent fleurir en même temps. De ce fait des duos sont proposés. Ou bien parlez-en à vos voisins. S'ils possèdent un pommier, vous n'aurez pas besoin d'en planter un deuxième.
Problèmes : Mildiou, tavelure, carpocapse des pommes et des poires, Tetranychidae, pucerons, hibernie défeuillante, anthonome du pommier.
Hiver : Les pots doivent être protégés par un voile de protection contre le gel ou du bois mort. La terre ne doit pas être trop sèche. C'est pourquoi on peut aussi arroser les jours sans gel.
Récolte : D'août à octobre.

COQUERET DU PÉROU [5.]

Physalis peruviana
Appartenance : Plante-fruit
Aspect : Les coquerets du Pérou sont des plantes à croissance rapide verticale qui forment de grandes feuilles et des fruits décoratifs. Ils forment de petits « lampions» verts. Ils atteignent de 50 à 150 cm.
Soins : Un substrat de terre perméable, humique-argileuse est nécessaire pour la culture de ces plantes intéressantes. Chez nous, la plante ne passe pas l'hiver. Dans les régions avec des gelées précoces, les fruits ne parviennent pas à pleine maturité. Un climat doux toute l'année, favorable à la viticulture est le plus approprié pour les coquerets du Pérou.
Hiver : A l'intérieur entre 5 et 10°C, mais cela n'est pas recommandé à cause du manque de lumière et de circulation de l'air. Il est préférable de ressemer chaque année.
Multiplication : Semis.
Récolte : De septembre à octobre.

VIGNE [6.]

Vitis vinifera
Appartenance : Plante-fruit
Aspect : Culture en espalier contre un mur ou sur un treillage.
Soins: Il faut des récipients suffisamment grands d'environ 30 l de volume, pour la culture en pots. Dans les récipients, il faut mettre en place un bon drainage et utiliser de la terre avec suffisamment d'argile expansée pour une bonne aération du sol. Apporter régulièrement de l'engrais de la floraison jusqu'en août, ainsi qu'un bon approvisionnement en eau. Taille en vert suffisante sur deux pousses, arrachage régulier des gourmands.
Hiver : Protéger le pot contre le gel en automne, en hiver éviter la déshydratation grâce à l'arrosage.
Récolte : De septembre à octobre.

D'AUTRES FRUITS POUR LE BALCON : **Pepino (récolte de juin à octobre), fraises (récolte de juin à octobre), framboises (récolte de juin à octobre), groseilles à maquereau (récolte de juillet à août), groseilles (récolte de juin à août), airelles rouges (récolte de août à octobre).**

[4.]

[5.]

[6.]

COMPOST

la nourriture du sol

DU COMPOST DE BONNE QUALITÉ FAVORISE LA SANTÉ ET LA FÉCONDITÉ DES PLANTES DE FAÇON DÉTERMINANTE DANS LE JARDIN BIOLOGIQUE. FAITES PLAISIR À VOS PLANTES EN PRÉPARANT VOUS-MÊME L'OR DE VOTRE JARDIN. DANS LES PAGES QUI SUIVENT, VOUS VERREZ QUE CELA EST MÊME POSSIBLE SUR VOTRE BALCON.

[a]

[b]

[c]

L'essentiel

[a] LE TYPE DE RÉCIPIENT utilisé est accessoire. Nous utilisons une grille en fil de fer, recouverte par un film plastique noir perforé.

[b] ON COMMENCE par un « lit de branches», fait de grosses branches et de brindilles dans le récipient à compost. Tous les matériaux sont réduits en petits morceaux.

[c] SI ON RÉDUIT en petits morceaux, on peut aussi mettre des peaux de banane au compost, etc.

[d] BIEN HUMIDIFIER, pour que tous les restes de plantes soient entourés de leur film d'eau. Mais ne pas les détremper !

[d]

PRÉPARER LE COMPOST

Les quatre règles d'or

La « formule magique » pour obtenir du bon compost comporte quatre étapes : réduire en morceaux, mélanger, maintenir l'humidité et recouvrir ! Si vous les suivez, peu de choses feront obstacle à l'obtention d'un excellent compost.

Plus le compost est préparé soigneusement, plus sa qualité est bonne. Le contenant utilisé a peu d'influence sur la réussite du compost. Il doit être ouvert sous le dessous (excepté sur le balcon) de sorte que les organismes du sol puissent y migrer. Evitez un emplacement avec la lumière directe du soleil mais choisissez plutôt un endroit ombragé. Ainsi, le compost ne desséchera pas trop. Devant le compost, il faut laisser une zone plate d'environ 1 m². Plus tard, vous pourrez y mélanger vos restes organiques avec la paille hachée. Jetez un œil quotidiennement sur votre compost, afin d'accompagner au mieux sa transformation en humus.

1. RÉDUIRE EN MORCEAUX

Les micro-organismes ont besoin de matériaux coupés en petits morceaux, de préférence de 4 mm x 4 mm, de façon que la dégradation de la matière et sa transformation, ainsi que la formation d'humus puissent avoir lieu de façon optimale. Si les matériaux sont plus gros, la transformation durera plus longtemps et il se produira éventuellement des processus d'accompagnement indésirables. Le mieux est de couper vos restes immédiatement dans votre cuisine.

2. REMPLIR ET MÉLANGER

Pour débuter le compostage, préparez votre contenant à compost ou votre tas de compost de la manière suivante :

- Mettez des grosses branches sur environ 20 cm comme couche inférieure. Cela forme une couche de drainage en sous-sol et si nécessaire, l'humidité peut s'évacuer par le bas.
- Plus tard, lorsque vous mettez des déchets organiques au compost, pensez à toujours mélanger un tiers de paille hachée (selon le taux d'humidité du matériau, on peut aller jusqu'à la moitié de la masse). Il est nécessaire de toujours disposer de paille hachée disponible en quantité suffisante. Si vous compostez les tontes de gazon, celles-ci doivent également être mélangées à de la paille hachée, car sinon elles risquent de s'agglutiner ce qui provoquerait un processus de putréfaction. Le mieux est de mélanger le matériau avec la paille hachée sur la surface plane devant le compost, avant de mettre le mélange au compost. Le remplissage et le mélange ultérieur s'effectuent de préférence avec une fourche à cinq dents.

LE COMPOSTAGE permet de préparer une nourriture essentielle pour la vie des organismes du sol. C'est pourquoi il ne faut pas parler de « déchets », mais plutôt de matières recyclables.

[a]

[b]

L'essentiel

[a] TOUT D'ABORD, on épand de la paille broyée.

[b] LES DÉCHETS ORGANIQUES sont mis par-dessus et ensuite réduits en morceaux avec une bêche de jardin affutée.

[c] LA POUDRE DE ROCHE enrichit le mélange.

[d] AVEC LA FOURCHE on fabrique un mélange intime, qu'on ajoute ensuite progressivement au compost. Les contrôles réguliers, particulièrement du taux d'humidité sont importants. Une fois par semaine, la matière fraîche est remuée à la fourche.

[c]

[d]

- La nouvelle matière mise au compost sera toujours minutieusement mélangée avec la couche supérieure (la dernière) du compost. (Avec un tas de compost, vous mélangez tout le tas et vous l'allongez). La couche supérieure du compost a la profondeur d'une fourche à cinq dents (environ 30 cm). En mélangeant, veillez à ne pas simplement retourner la matière, mais aussi à l'ameublir pour qu'il y ait suffisamment d'air disponible pour le processus de transformation. En mélangeant, vous évitez également la formation de couches dans le compost. C'est uniquement par un mélange régulier qu'une bonne transformation peut avoir lieu et que les micro-organismes peuvent rapidement bien travailler, afin qu'aucune pourriture ne puisse se former et que de précieux nutriments ne soient pas perdus au cours du processus.

3. MAINTENIR L'HUMIDITÉ

Le compost doit avoir un certain taux d'humidité, afin que les processus de transformation divers puissent avoir lieu de façon optimale. Le mieux pour maintenir l'humidité est d'utiliser un arrosoir avec un pommeau ou un tuyau d'arrosage avec un pommeau, car l'eau doit être répartie régulièrement sur le compost. Vérifiez à chaque fois le taux d'humidité lorsque vous ajoutez de la nouvelle matière. Humidifiez ensuite la matière ajoutée. Prenez une poignée de cette nouvelle matière et serrez-la dans votre poing. Il ne faut pas que de l'eau apparaisse. Lorsque vous ouvrez la main, la matière devrait rester en boule. Poussez la boule du doigt. Si elle se désagrège facilement en morceaux, c'est le signe que le compost a la bonne humidité.

Si de l'eau dégorge lors du test du poing, le compost est trop humide. Pour diminuer l'humidité, ajoutez de la paille hachée. Le compost est trop sec si la boule se brise lorsqu'on ouvre la main. Arrosez alors finement avec de l'eau en quantité nécessaire et mélangez une fois de plus le tout. L'ajout de paille hachée empêche les processus anaérobies (processus de putréfaction) et favorise les processus aérobies. Le fait de mélanger est fondamental pour la circulation de l'air dans le compost. C'est pourquoi, il faut apporter de la matière fraîche à votre compost tout au long de l'année, même en hiver. C'est là l'unique solution pour que le processus de décomposition ne soit pas interrompu.

4. RECOUVRIR

Afin que le taux d'humidité optimal soit maintenu à l'intérieur, le compost doit être recouvert. Mettez toujours le couvercle sur le contenant et recouvrez le tas de compost avec une bâche. Evitez le rayonnement direct du soleil et veillez à ce que l'eau de pluie ne puisse y pénétrer. Avec un thermomètre spécial vous pouvez vérifier la température de votre compost, qui doit être comprise entre 45 et 65 °C.

PRÉPARATIONS DU COMPOST Respecter toujours les quatre étapes de la formule magique du compost « réduire en morceaux, mélanger, maintenir l'humidité et recouvrir ». Les organismes du sol vous remercieront en vous offrant une terre fertile. Vous améliorerez la qualité du sol en ajoutant tous les deux mois les préparations biodynamiques du compost dans le bon ordre dans la zone active de décomposition (voir p. 80 sqq.).

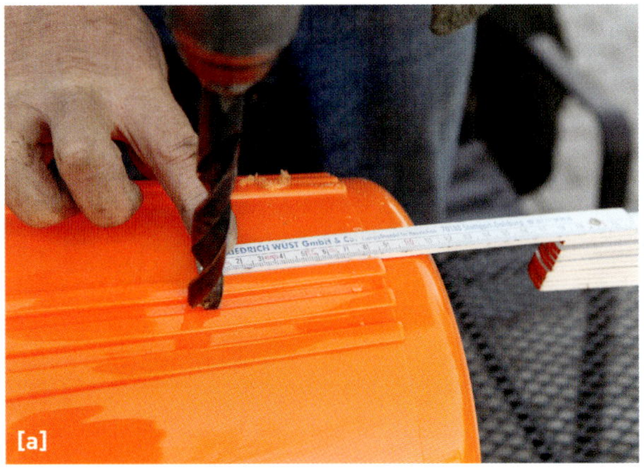

L'essentiel

[a] DES TROUS d'un diamètre d'environ 12 mm sont percés dans le récipient. Commencez à environ 10 cm du fond du seau.

[b] ON MET 4 cm de paille broyée comme couche inférieure.

[c] LES DÉCHETS ORGANIQUES peuvent être coupés avec un hache-légumes.

[d] LES MORCEAUX sont intimement mélangés et saupoudrés avec de la poudre de roche. De l'eau en quantité suffisante est ajoutée progressivement.

[e] CHAQUE FOIS QUE DE NOUVEAUX MATÉRIAUX sont apportés on procède à un nouveau mélange du compost.

[f] POUR UN COMPOST DE BALCON il y a assez de place "dans la petite maisonette".

COMPOST DE BALCON

pour un espace limité

Si vous ne disposez pas de votre propre jardin, ni de jardinet ou que vous n'avez que peu de déchets de cuisine, le compostage dans un petit récipient sur le balcon est possible. Un simple seau suffit pour cela.

La formule magique : réduire en morceaux, mélanger, maintenir humide et recouvrir est la même pour un tas de compost ou pour un grand récipient à compostage.

MATÉRIEL

Pour préparer un compost sur votre balcon, vous avez besoin d'un baquet ou d'un seau en plastique d'au moins 35 l (avec un couvercle), ainsi que d'un croc à fumier pour mélanger, de petites branches, de feuillage ou de carton non-imprimé, de paille broyée sèche, de poudre de roche et d'une perceuse pour effectuer les trous.

MISE EN PLACE DU COMPOST

Sur le côté du seau, on perce environ 20 trous **[→a]** (diamètre de 12 à 15 mm).
La suite de la procédure est la même que pour un récipient plus grand (comparé au silo grillagé p.72) :

- On met tout d'abord une couche de paille hachée au fond du récipient. Si vous ne disposez pas de paille broyée, vous pouvez prendre des boites en carton, déchirées en petits morceaux. La paille broyée sert à la circulation de l'air **[→b]**.
- Les matériaux coupés en morceaux, provenant de la cuisine et du balcon **[→c]** peuvent maintenant être ajoutés et bien mélangés avec le croc à fumier **[→d]**, cela doit ressembler à du müesli. Ultérieurement, lorsque vous ajoutez des déchets organiques au compost, ajoutez toujours un tiers de paille broyée **[→e]**. La paille broyée doit en permanence être disponible en quantité suffisante.
- La matière nouvellement apportée au compost doit à chaque fois être bien mélangée (papier-filtre déchiré, coquilles d'œufs écrasées) avec la couche supérieure du compost (la dernière) lors du compostage sur le balcon. Lors du mélange, veillez à garder une matière bien ameublie et évitez que de gros morceaux ne se forment, afin qu'assez d'air soit disponible pour le processus de transformation.
- Si nécessaire, on apporte de l'eau avec un arrosoir (avec un pommeau). Le besoin en eau dépend entre autres de l'humidité des déchets de cuisine. Les melons ou les tomates, par exemple, contiennent déjà eux-mêmes beaucoup d'eau. Pensez au fait que lorsque l'humidité est trop élevée, la matière pourrit et sent mauvais. Au contraire, avec de la matière sèche, le processus de décomposition ne peut pas avoir lieu, car les micro-organismes ne peuvent pas travailler sans humidité.
- Afin de favoriser le processus digestif des organismes du sol et par là même éviter les odeurs de pourriture, il faut ajouter chaque semaine au compost deux cuillères à soupe de poudre de roche.

COMPOST
indispensable au jardin

Le compost de haute qualité transforme la matière organique en l'espace de six mois en un précieux humus. Il améliore immédiatement le sol du jardin, sa vitalité et sa fertilité.

DE BONS ARGUMENTS POUR LE COMPOST

- De par son enrichissement en nutriments, le compost est une importante base de fertilisation pour le jardin bio. A l'inverse, les engrais de synthèse appauvrissent le sol à long terme.
- Les acides nocifs sont neutralisés. La force de rétention d'eau et de fixation des nutriments est favorisée.
- Le compost est un bon substitut à la tourbe. L'utilisation de tourbe pour les fleurs est une des causes de disparition de ces biotopes uniques.
- La collecte et le compostage des matières organiques, diminuent les « déchets » de 100 kg par personne par an.

RESTES DE PLATS : TOUT PEUT ÊTRE UTILISÉ !

- On peut composter tous les restes de plats ! Fruits, légumes (également cuits), pain, fromage, spaghettis, saucisse, écorce de citron, peaux de banane (de préférence biologiques, pour votre propre santé !). L'important est de réduire en morceaux ! Grâce à la réduction en morceaux et au mélange avec de la paille broyée, la saucisse, le fromage, etc. n'attireront pas les rats.
- Mettez les coquilles d'œufs, également broyées en petits morceaux, celles-ci constituent une bonne source naturelle de calcaire pour le compost. La peau intérieure collante représente une friandise pour les organismes du compost, particulièrement pour les micro-organismes.
- Collectez les déchets, si possible déjà coupés en morceaux dans la cuisine, dans un seau à compost qui doit être vidé une fois par semaine au minimum. Recouvrir les déchets avec de la poudre de roche aide à éviter les odeurs.

POUDRE DE ROCHE : FAVORISER LA QUALITÉ DU COMPOST

Les poudres de roche enrichissent le matériau de compostage en minéraux, tels que le calcium, le fer, le magnésium et la silice, de même qu'en oligo-éléments tels le zinc, le manganèse et le cuivre. Ces minéraux et ces oligo-éléments sont importants pour que les micro-organismes puissent produire des micronutriments (par exemple les vitamines). Saupoudrez de la poudre de roche dans votre seau à compost chaque fois que vous y mettez des déchets de cuisine. Ainsi, le processus de digestion des micro-organismes est soutenu dès le départ, et on évite donc la formation de pourriture accompagnée de mauvaises odeurs.

L'ajout de poudre de roche dans le compost favorise, finalement, à travers l'activité des organismes du sol, la qualité humique du sol, la formation de grumeaux du sol, et leur stabilité.

Un épandeur géant utile

Afin de mettre de la poudre de roche sur vos restes de cuisine et sur le compost, vous pouvez transformer un pot en verre vide de 500 ml et son couvercle en un épandeur géant. Faites une dizaine de trous dans le couvercle à l'aide d'un marteau et d'un gros clou et remplissez le pot à environ trois quarts avec de la poudre de roche. Nous utilisons de la poudre de roche volcanique primitive Vulkamin (voir adresses pour en acheter p. 186) dans notre maraîchage. Elle contient, entre autres, le cobalt, un oligo-élément important . Le cobalt est nécessaire pour la formation de la cobalamine, la vitamine « B12 ». Cette vitamine, essentielle pour le métabolisme de l'homme, se forme lors d'un bon compostage et par la mise à disposition de cobalt à travers les micro-organismes dans le compost. Les plantes absorbent la vitamine par leurs racines, lorsqu'on utilise le compost. Cette vitamine contribue au renforcement du système immunitaire végétal

TEST DE DÉCOMPOSTION AVEC DU CITRON

Testez vous-même l'importance de la réduction en morceaux pour la décomposition à l'aide d'un citron. Mettez deux moitiés d'un fruit pressé dans le compost - une moitié entière et l'autre moitié coupée en petits morceaux de la taille déterminée précédemment. Observez la transformation durant une semaine. Vous serez étonnés.

Was ist
Urgesteinsmehl
Woraus besteht
Urgesteinsmehl
Welchen vielfachen
Nutzen bringt Ihnen
Urgesteinsmehl

[a]

[b]

L'essentiel

[a] ON FAIT UN TROU dans le tas avec le tuyau pour les préparations du compost. Le bâton intérieur peut ensuite être retiré.

[b] ON ENVELOPPE ensuite la portion de la préparation du compost dans du papier absorbant (ou de la terre argileuse) et on la laisse ensuite tomber au fond du trou.

[c] LE TROU est ensuite recouvert. La boule de préparation devrait parvenir vers le centre du tas de compost.

[d] ON PULVÉRISE la valériane dynamisée sur tout le tas de compost.

[e] POUR TERMINER le tas de compost est recouvert d'une bâche.

[c]

[d]

[e]

PRÉPARER LE COMPOST

Tas et récipients

Selon la méthode biodynamique, on insère les six préparations à intervalles réguliers dans le compost préparé. Elles favorisent une bonne décomposition et assurent le lien aux forces cosmiques.

On obtient l'effet le plus harmonieux des six préparations du compost en les insérant en jour-fleur, en lune ascendante. On peut les introduire environ tous les deux mois, dans le récipient ou sur le tas de compost.

PRÉPARER PAS À PAS

Les cinq préparations solides que sont l'écorce de chêne, les fleurs de camomille, l'ortie, les fleurs de pissenlit et d'achillée millefeuille, sont disposées dans le compost de la même façon que les cinq chiffres sur un dé **[→e]**. L'intervalle entre chaque préparation va de 20 cm à maximum 1 m pour un tas de compost. On met toujours l'ortie au milieu ! Pour les autres préparations, l'ordre est au choix. En pratique, on les met souvent par ordre alphabétique dans le compost.
La dose de chaque préparation correspond à ce que l'on peut tenir entre deux doigts. Il s'agit en effet de petites doses « homéopathiques ». On les met à environ 40 cm de profondeur, en boulette (c'est-à-dire qu'on ne les épand pas), dans les trous préparés dans le compost **[→a à c]**. (Sur les tas allongés, comme dans les fermes ou les maraîchages, les préparations sont mises l'une à la suite de l'autre à intervalles d'un mètre sur la crête du tas. Dans ce cas, l'ortie est également placée au milieu des cinq préparations). Pour finir, on pulvérise sur le tout une dose de valériane « dynamisée » (brassée) **[→d]**. A cet effet, prenez pour votre compost quelques gouttes d'extrait de fleur de valériane (qui se conserve bien dans des bouteilles de couleur sombre), auxquelles vous ajoutez 1 l d'eau tiède. Brassez pendant dix minutes en alternant le sens. Ensuite, pulvérisez bien le liquide sur tout le tas, de préférence avec un pulvérisateur de jardin ou une balayette. Pour finir, couvrez le récipient de compost avec un couvercle ou le tas de compost avec une bâche **[→e]**.

CEUX QUI SOUHAITENT FABRIQUER EUX-MÊMES LES PRÉPARATIONS **peuvent se rapprocher d'une association biodynamique régionale. On y fabrique les préparations ensemble à des dates précises avec des connaisseurs. Voir adresses p.186.**

[a]

[b]

L'essentiel

[a] LORSQUE LES MICRO-ORGANISMES sont vraiment « au travail » dans le compost, on peut faire le premier apport de préparations.

[b] POUR PERMETTRE UN EMPLOI SIMPLE des portions de préparations, nous avons développé dans notre exploitation la fabrication de portions standards de préparations. La petite quantité de préparation est enveloppée de papier absorbant et ensuite humidifiée afin que cela colle.

[c] NOUS FOURNISSONS les préparations de compost emballées de façon individuelle en « jeu » aux jardiniers amateurs.

[d] QUE CE SOIT dans le silo ou dans le tas, on met toujours les boulettes au milieu du tas de compost.

[e] ON DYNAMISE quelques gouttes de préparation de valériane pendant 20 minutes dans de l'eau tiède.

TEMPS DE MATURATION ET UTILISATION

Au bout de 15 à 30 semaines, le compost est mûr et peut être épandu, en règle générale un jour-racine. (Lorsqu'on veut renforcer le type de plantes, le compost peut par exemple être épandu sur les choux en jour-feuille). Incorporez le compost mûr immédiatement, jusqu'à 10 cm de profondeur dans le sol. Plus le compost mûr reste sur place, plus il perd son effet fertilisant. N'épandez pas uniquement le compost en surface. La lumière du soleil détruirait en quelques heures les précieux composants microbiens du compost, et la première pluie emporterait les nutriments importants. La meilleure période d'utilisation du compost va de mi-mars à fin octobre. Durant cette période, la chaleur du sol permet une bonne activité microbiologique au jardin. Le stade de maturation du compost dépend des cultures du jardin à ce moment. Pour les pommes de terre, le chou, le poireau, et le céleri-rave, de même que pour d'autres légumes, exigeants en nutriments, un compost bien décomposé mais pas encore transformé en terre, de 15 semaines est adapté. Les légumes plus délicats tels que les carottes et le persil, de même que le terreau de semis et le terreau pour les plants, nécessitent un compost déjà bien décomposé, à fin grumeaux avec une odeur de sol forestier.

VÉRIFIEZ LA MATURITÉ DU COMPOST

Par ce simple test, vous pouvez vérifier la qualité de votre compost : remplissez une soucoupe d'un échantillon de compost et semez-y du cresson. Après avoir arrosé, glissez le récipient dans un sac en plastique, afin de conserver l'humidité. Laissez le cresson germer et pousser, jusqu'à ce qu'il atteigne 10 cm de hauteur. Observez le développement. Si le cresson a une croissance vigoureuse, cela veut dire que le compost est mûr. Si le cresson pousse lentement ou si les racines sont brunes, cela signifie que le compost n'est pas encore assez mûr et que la décomposition n'est pas encore terminée. Mélangez bien le compost une nouvelle fois, introduisez les préparations biodynamiques pour le compost et laissez-le mûrir quatre semaines supplémentaires.

[c]

[d]

[e]

[1.]

[2.]

[3.]

LES PRÉPARATIONS POUR LE COMPOST

Une vue d'ensemble

Les matières premières des six préparations pour le compost sont les plantes médicinales suivantes : la valériane, l'ortie, l'écorce de chêne, la camomille, le pissenlit et l'achillée millefeuille. Sur ces deux pages vous verrez les parties des plantes à utiliser pour la fabrication des préparations et les périodes de récoltes.

PLANTES POUR LES ORGANES ANIMAUX

Rudolf Steiner a décrit des organes d'animaux dans lesquels les plantes spécifiques subissent différents procédés de fermentation en interaction avec le sol et la saison. Dans notre maraîchage, nous cultivons les plantes pour les préparations. Ainsi, nous sommes rapidement sur place lorsqu'arrive le moment des récoltes. Cela ne serait pas possible en pleine nature.

Autour de la Saint-Michel (le 29 septembre), on introduit les plantes des préparations dans leur enveloppe animale pour les soumettre aux processus de fermentation. C'est aussi le moment où l'on fabrique la bouse de corne, alors que la silice de corne sera seulement préparée au printemps.

VALÉRIANE [1.]

Valeriana officinalis

Partie de la plante : Fleurs avec le moins de tiges possible.

Récolte : Le matin, un jour-fleur autour de la Saint-Jean (autour du 24 juin).

Fabrication : Jus pressé de valériane. Dans l'exploitation, seules les fleurs de valériane sont utilisées. Les fleurs sont pressées le jour même dans notre maraîchage. 3 kg de fleurs donnent environ 250 ml de jus. Le jus de fleurs pressé est ensuite conservé dans des bouteilles de verre sombre, placées dans un endroit frais.

Indication : Produit une enveloppe de chaleur pour le compost.

ORTIE [2.]

Urtica dioica

Partie de la plante : Des orties fraîches, peu avant la floraison, lorsque les premiers boutons de fleur sont déjà visibles.

Récolte : Tôt le matin un jour-fleur.

Fabrication : Les orties sont fauchées et légèrement fanées puis on les introduit et les tasse dans une fosse creusée dans de la bonne terre « vivante ». Ensuite, la fosse est recouverte de terre.

Indication : Est la préparation la plus facile à élaborer.

CAMOMILLE [3.]

Matricaria recutita

Partie de la plante : Toute la fleur sans la tige et avant la fructification, c'est-à-dire lorsque les petites fleurs individuelles ne sont pas encore totalement ouvertes.
Récolte : Le matin en jour-fleur.
Fabrication : Les fleurs sont séchées à l'ombre et conservées dans un récipient fermé jusqu'à l'utilisation.
Enveloppe : Intestin de bovin.
Indication : La fécondation est synonyme de formation de graines et les fleurs porteuses de graines ne sont pas adaptées à la fabrication des préparations.

PISSENLIT [4.]

Taraxacum sect. *Ruderalia*

Partie de la plante : Fleurs de pissenlit pas encore complètement écloses, sans le pédoncule (le cœur de la fleur ne doit pas encore être ouvert).
Récolte : Au matin d'un jour-fleur ensoleillé.
Fabrication : Les fleurs sont séchées à l'ombre et conservées dans un récipient fermé jusqu'à l'utilisation.
Enveloppe : Mésentère de bovin.
Indication : Les fleurs de pissenlit sont des indicateurs de météo (comme beaucoup d'autres Astéracées), elles s'ouvrent le matin lorsqu'il fait beau et se ferment lorsqu'il pleut et au crépuscule.

ACHILLÉE MILLEFEUILLE [5.]

Achillea millefolium

Partie de la plante : Fleurs d'achillée millefeuille complètement ouvertes.
Récolte : Un matin de jour-fleur.
Fabrication : Les fleurs sont récoltées grossièrement avec les tiges pour plus de facilité. Ensuite, on coupe les fleurs du dessus avec des ciseaux. La tige est complètement enlevée. Les fleurs sont mises à sécher et sont conservées dans un récipient fermé jusqu'à leur utilisation.
Enveloppe : Vessie de cerf.

ÉCORCE DE CHÊNE [6.]

Quercus robur

Partie de la plante : Ecorce liégeuse d'un vieil arbre (d'au moins 30 ans).
Récolte : Au début de l'automne.
Fabrication : L'écorce morte, liégeuse est détachée de l'arbre, finement moulue et conservée jusqu'à la fabrication de la préparation.
Enveloppe : Crâne d'animal.
Indication : L'arbre n'est pas endommagé par la prise d'écorce déjà morte.

[4.]

[5.]

[6.]

VIVIFIER LE SOL

La rotation des cultures et les engrais verts

JARDINER EN BIO SIGNIFIE VIVIFIER LE SOL ET CONSERVER SA VITALITÉ. ON PEUT SOUTENIR LE SOL DE SON JARDIN DE MULTIPLES FAÇONS, AFIN QU'IL DONNE DES PLANTES SAINES ET PRODUCTIVES. DANS UN JARDIN BIOLOGIQUE, LA ROTATION DES CULTURES ET LES ENGRAIS VERTS CONSTITUENT DEUX INSTRUMENTS IMPORTANTS POUR LA VITALITÉ DE LA TERRE. VOUS POUVEZ ÉGALEMENT INTÉGRER CES PRATIQUES DANS LA PLANIFICATION ET LES SOINS DE VOTRE JARDIN PARTICULIER.

[a]

L'essentiel

[a] LE SEIGLE ET LA VESCE D'HIVER peuvent être semés jusque tard dans l'année de jardinage. Ces engrais verts servent au bon ameublissement du sol du jardin grâce aux profondes racines des deux plantes.

[b] ICI, ON DISTINGUE bien les nodosités dans lesquelles l'azote est fixé.

[c] LES PLANTES sont fauchées…

[d] … ET SONT UTILISÉES à un autre endroit dans le jardin en tant que mulch ou pour le compost. Si l'on prévoit un semis, on n'incorpore pas les pousses vertes dans la plate-bande. Par contre, on peut incorporer cet engrais vert si on cultive des choux ou des tomates.

[b]

[c]

[d]

ENGRAIS VERTS

Régénération du sol

L'engrais vert est un moyen essentiel pour améliorer la vitalité du sol. Les plantes à engrais vert ameublissent le sol avec leurs nombreuses racines et l'enrichissent en azote.

C'est pour cette raison qu'on devrait plutôt parler d'engrais racinaire que d'engrais vert. Les légumineuses sont des engrais verts particulièrement intéressants car elles enrichissent le sol en azote. On distingue les engrais verts de courte durée et ceux de longue durée.

COURTE DURÉE AU PRINTEMPS ET EN ÉTÉ

Pour un engrais vert de courte durée au printemps, on choisit une culture de féveroles sur quatre à huit semaines. Si la plate-bande doit être utilisée fin mai, on doit semer les féveroles de façon compacte, c'est-à-dire à distance de 2 cm, avec un intervalle de 10 cm entre les rangs et une profondeur de 4 cm, de février à mars.
Fin avril, la partie aérienne des féveroles est coupée et mise en petits morceaux au compost. Les racines des féveroles restent dans le sol. L'azote qu'elles ont emmagasiné est ensuite à la disposition des cultures. En été, le trèfle d'Alexandrie est adapté pour un engrais vert de courte durée.

LONGUE DURÉE EN HIVER

Un engrais vert de longue durée peut être implanté pour une durée quatre mois et peut aller jusqu'à un an. Les effets positifs sur la qualité du sol vont au-delà de la période concernée. Pour un engrais cultivé durant les six mois d'hiver, on peut mélanger du seigle et de la vesce dans un rapport de 80 pour 20. Le seigle ameublit le sol de façon excellente, un seul pied de seigle formant un volumineux réseau racinaire de 600 km. La vesce peut fixer l'azote de l'air à l'aide des bactéries des nodosités. Toutes les plates-bandes fixes qui, à partir d'octobre ne sont plus utilisées pour les cultures, devraient recevoir un tel engrais vert pour la stimulation du sol. Le mélange seigle-vesce peut être semé jusqu'à mi-décembre sur les plates-bandes.

Pas à pas

Lorsqu'on a besoin de la parcelle au printemps, l'engrais vert de seigle d'hiver et de vesce, semé à l'automne, est coupé le plus court possible à l'aide d'une faucille, d'une faux ou d'une tondeuse, pour être utilisé plus tard comme mulch pour d'autres cultures ou mis au compost. Après avoir tondu les parties vertes de l'engrais vert, on incorpore ensuite les racines à la couche supérieure du sol. Ainsi, le fin système racinaire peut être à disposition des organismes du sol pour la formation d'humus. Sur les racines de la vesce on peut facilement reconnaître les petites nodosités dans lesquelles est emmagasiné l'azote. Celui-ci sera rendu disponible pour la prochaine culture, grâce à un important processus de décomposition dans le sol.

LE SEMIS D'ENGRAIS VERT A TOUJOURS LIEU EN JOUR-RACINE accompagné d'une pulvérisation de préparation de bouse de corne. Semez l'engrais vert un peu plus densément que les légumes, afin que le sol soit rapidement recouvert et que les mauvaises herbes soient étouffées. Au stade de quatre feuilles (lorsque quatre feuilles typiques de la plante sont déjà formées), on fait une pulvérisation de silice de corne un matin en jour-racine, afin de soutenir la croissance.

LA ROTATION DES CULTURES

pour obtenir des plantes résistantes

La rotation des cultures est un instrument important pour les jardiniers biologiques. Elle sert à l'amélioration continue du sol et à sa protection. De plus, elle contribue à l'obtention de plantes résistantes et en bonne santé.

LA ROTATION DES CULTURES SIGNIFIE LE CHANGEMENT DE CULTURE

La rotation des cultures signifie que l'on change de culture chaque année, c'est-à-dire que sur une même surface on cultive successivement des plantes appartenant à différentes familles botaniques (voir également page 56 sq.). Cette rotation sert également à éviter d'appauvrir le sol. Les membres de la même famille de plantes excrètent les mêmes substances dans le sol et en retirent les mêmes nutriments. Grâce à une alternance ciblée des familles de plantes cultivées, on préserve la diversité des substances dans le réseau de nourriture du sol. Avec la rotation des cultures, vous ne pouvez pas vous attendre à des résultats à court terme avec des aides à court terme. C'est uniquement lorsque vous laissez au sol le temps de réagir, en tant qu'organisme vivant, que son écosystème est maintenu en équilibre.

RÉALISER UN PLAN DU JARDIN

Le sol récupère plus ou moins vite ses forces selon les familles de plantes. Des représentants de la même famille de plantes ne doivent pas être plantés avant trois ans sur la même plate-bande. Prenez cela en considération lors de la planification pour votre nouvelle année de jardinage.
Lorsqu'en automne ou en hiver vous effectuez votre planification de jardin pour l'année à venir, faites de préférence un schéma ou un tableau représentant chaque plate-bande du jardin. Sur ce tableau, inscrivez les cultures prévues, et conservez bien les plans de chaque année calendaire. Ceux-ci serviront de base pour la planification des cultures de l'année suivante. Contrôlez pour chaque nouvelle année le contenu des plates-bandes de l'année précédente. Cela vous permettra d'éviter les erreurs concernant la rotation des cultures. Les crucifères par exemple ne devraient être cultivées que tous les cinq ans sur la même plate-bande.

DES PLANTES EXIGEANTES AUX PLANTES PEU EXIGEANTES

Pour la rotation des cultures, on différencie, les cultures fortement exigeantes en nutriments, moyennement exigeantes en nutriments, faiblement exigeantes en nutriments et celles qui préservent le sol.
Après un engrais vert (voir p. 88/89), on cultive en général d'abord des légumes fortement exigeants en nutriments.
Ils apprécient un sol bien engraissé et « reposé ». A ce groupe appartiennent par exemple le poivron, le chou, le poireau, la pomme de terre, la tomate, l'aubergine, le fenouil et le maïs. Il leur faut un sol riche en azote. Celui-ci peut être obtenu grâce à un engrais vert de légumineuses.

Parmi les cultures qui préservent le sol ou faiblement exigeantes en nutriments on compte les plantes condimentaires comme la bourrache, le basilic ou l'aneth qui, dans des conditions naturelles, poussent à des endroits secs, pauvres en nutriments. Les légumineuses comme les haricots ou les pois, de même que les fraises et les fleurs sont aussi des cultures qui n'ont que peu de besoins en nutriments. Entre ces deux extrêmes, se trouvent des cultures qui ont un besoin moyen en nutriments. Parmi elles on compte par exemple les épinards, les oignons, la salade, les carottes, les betteraves rouges, les panais.

UNE ROTATION DES CULTURES SUR SIX ANS

Lorsque vous plantez une nouvelle culture, veillez à le faire le jour correspondant au type de plante : plantes-racine les jours-racine, plantes-feuille les jours-feuille, plantes-fleur les jours-fleur et plantes-fruit les jours-fruit. En même temps que le travail du sol, apportez une quantité de bon compost. Pour les cultures peu exigeantes en nutriments, épandez une couche d'environ 1 cm de bon compost mûr. Pour les cultures moyennement exigeantes, il

faut environ 2 ou 3 cm de compost mûr, non tamisé. Les cultures fortement exigeantes en nutriments ont besoin de 5 à 8 cm de compost presque totalement décomposé.
Il faut toujours commencer et terminer une rotation de culture par un engrais vert, par exemple des espèces de trèfles annuelles ou pluriannuelles, du seigle, de la vesce.
Le travail de la terre avec pulvérisation de bouse de corne, de même que de silice de corne, a lieu chaque année. C'est la raison pour laquelle, il n'est pas mentionné dans la présentation des années spécifiques.

Première année
La première année, après l'engrais vert (voir p. 88-89), plantez un jour-racine des pommes de terre ou une autre culture gourmande en nutriments comme les tomates, les aubergines ou les poivrons. Lors de la plantation, épandez superficiellement une grande quantité de bon compost. Pour les plantes-fruit, veillez à travailler un jour-fruit et épandez également la bouse de corne ce jour-là !
En été, vous pouvez semer de la mâche ou des épinards derrière les pommes de terre sur cette plate-bande. Pour cela, il faut faire un travail du sol superficiel en jour-feuille.

Deuxième année
La deuxième année, cultivez une fois encore sur cette plate-bande une culture gourmande en nutriments comme le chou ou le poireau (les plantes-racine en jour-racine, à l'exception du brocoli) et épandez en plus une bonne quantité de compost. Le chou peut déjà être récolté en automne ou bien rester sur place en hiver.
A la fin de la deuxième année, vous pouvez faire suivre le chou par un semis d'engrais vert d'hiver avec un mélange de seigle et de vesce d'hiver.

Troisième année
La troisième année vous pouvez semer sur cette plate-bande (un jour-racine), des légumes-racine moyennement exigeants en nutriments, par exemple des carottes, des betteraves rouges, des panais ou du persil tubéreux. Il vous faudra préalablement enlever de la plate-bande l'éventuel engrais vert de l'année précédente, entre début et mi-mars selon les conditions météorologiques. Les parties aériennes de la plante sont mises au compost tandis que les racines restent en terre, en tant que pourvoyeuses d'azote.

Quatrième année
Au printemps de la quatrième année, fertilisez la terre de la plate-bande avec du compost mûr et cultivez ensuite, en alternance, à nouveau des cultures peu exigeantes comme de salade ou d'autres légumes de courte durée comme les radis ou le cresson (le moment de pulvérisation des préparations dépend du légume cultivé, c'est-à-dire les salades en jour-feuille, les radis en jour-racine).

Cinquième année
La cinquième année, renforcez la fertilité de la terre avec des fleurs ou des plantes condimentaires, par exemple, de la bourrache, du basilic ou de l'aneth.

Sixième année
Engrais vert, par exemple avec un trèfle blanc ou rouge. Le trèfle est ensuite fauché et utilisé comme mulch. Broyé, il peut aussi être mis au compost.

DES PLANTES FLEURIES
pour varier les cultures

Un jardin biologique a besoin de fleurs. Elles représentent une importante impulsion supplémentaire pour le sol. De ce fait, pensez toujours à inclure des plates-bandes de fleurs dans votre rotation de cultures.

DES PLATES-BANDES DE FLEURS AU JARDIN

Si vous plantez essentiellement des plantes utiles dans votre jardin, telles que des légumes, vous n'avez en général que peu de fleurs. Vous pouvez compenser ce manque par une rotation de cultures appropriée. Si l'on considère la plante du point de vue de son développement global, en fonction des constellations, l'impulsion de la fleur représente l'une des quatre caractéristiques de la plante (racine, feuille, fleur, fruit). Pour une croissance saine des plantes, il est de ce fait important de favoriser les quatre caractéristiques dans le jardin biologique. On peut régulièrement transformer les plates-bandes de légumes en plates-bandes de fleurs avec un mélange de fleurs saisonnier. Veillez bien lors de la longue pause des crucifères, à ne prendre aucun représentant de cette famille, comme par exemple l'ibéris, la ravenelle ou la giroflée. On peut aussi semer des plantes à fleurs de façon ciblée, comme des soucis, des bleuets ou des capucines... Les fleurs de ces plantes sont consommables, bonnes pour la santé et offrent un plaisir visuel notamment dans les salades ou les desserts. De plus, les plantes à fleurs favorisent les nombreux auxiliaires du jardin.

TRAVAIL DU SOL EN JOUR-RACINE

Le travail du sol pour cette plate-bande spéciale fleurs a lieu un jour-racine. Dès que les plantes commencent à fleurir, on apporte immédiatement la préparation de silice de corne un jour-racine, afin que lorsqu'elle fane, la plante puisse surtout agir dans les racines. Les graines mûres sont cueillies et conservées pour les semis de l'année suivante. Ainsi vous évitez un ensemencement spontané de fleurs sur une plate-bande, sur laquelle une culture de légumes est planifiée pour l'année suivante.

FAUCHER EN DEUX ÉTAPES

Vous pouvez également faucher les fleurs en deux étapes à la fin de la période de floraison. Il faut le faire de préférence tôt le matin, afin de ne pas mettre en danger les insectes. Le fauchage en deux étapes signifie que le premier jour une plate-bande est fauchée et deux jours plus tard l'autre. Ainsi, les insectes importants pour un microcosme sain du jardin biologique ont toujours suffisamment de nourriture. On met les plantes broyées au compost. On apporte à nouveau la préparation de bouse de corne un jour-racine, le soir.

ON PEUT AUSSI LAISSER FLEURIR QUELQUES PLANTES CONDIMENTAIRES **telles que le thym, l'hysope, la lavande, la sauge, l'aneth, la ciboulette, lorsqu'elles ne sont pas coupées pour être utilisées en cuisine. Elles ont aussi de belles fleurs, très attrayantes pour les insectes auxiliaires.**

[1.]

[2.]

[3.]

PLANTES A ENGRAIS VERT

Ameublir le sol et fixer l'azote

Les plantes à engrais verts contribuent de façon importante à vivifier le sol. Grâce à leurs racines, elles ameublissent la terre et beaucoup sont capables de fixer l'azote de l'air !

ŒILLET D'INDE [1.]

Tagetes

Famille : Astéracées

Aspect : Très odorant, en touffe avec en moyenne de 50 à 60 cm de hauteur. Fleur attractive à longue durée de floraison.

Utilisation : Est utilisé pour une guérison rapide du sol et provoque la diminution des nématodes après seulement quelques mois. Idéal pour les légumes exigeants (pommes de terre, carottes, tomates).

Semis : Possible durant presque toute la saison, d'avril à octobre ! A environ 3 mm de profondeur.

Conseil : Les œillets d'Inde sont capables de relancer et faire fleurir des roses fatiguées. Semer simplement entre les roses.

SARRASIN [2.]

Fagopyrum esculentum

Famille : Polygonacées

Aspect : Plante herbacée annuelle ou pluriannuelle avec un feuillage simple et une inflorescence multiple.

Utilisation : Contient efficacement les adventices même le chiendent. Ses tiges creuses assurent une bonne aération du sol. Choisissez des substrats meubles et calcaires.

Semis : Semer à la volée. Germination en l'espace de quelques jours.

Système racinaire : Racines pivotantes étendues et profondes.

Conseil : Les fruits de sarrasin et la farine obtenue sont sans gluten.

LUZERNE [3.]

Medicago sativa

Famille : Fabacées

Aspect : Importante plante toujours verte. Forme des colonies denses, intensément vertes. Atteint une hauteur d'environ 90 cm et fleurit de juin à septembre.

Utilisation : Pas avant les haricots/ pois ! Efficace fixateur d'azote et, sur une longue période excellent pour ameublir le sol. Résiste à la concurrence.

Semis : De mars à août ; éviter les sols acides, trop humides.

Système racinaire : Racine pivotante profonde et nombreuses racines superficielles près du sol.

Spécificité : Ses fleurs violettes sont uniquement pollinisées par les bourdons.

MOUTARDE BLANCHE [4.]

Sinapis alba

Famille : Brassicacées

Aspect : Cette plante annuelle herbacée atteint 120 cm et forme de nombreuses fleurs jaunes.

Utilisation : Ne pas planter à côté des Brassicacées, sinon, facile à cultiver. Forme un sol meuble et granuleux.

Semis : Peut être semée de mars à septembre (en rangées de 10 à 20 cm). Emplacement ensoleillé jusqu'à semi-ombragé mais pas trop humide.

Système racinaire : Longuement ramifié, également superficiel.

Conseil : Les semis au printemps (autour d'avril) donnent des siliques en juillet/août. Les graines nettoyées et séchées servent d'épice en cuisine.

TRÈFLE DES PRÉS [5.]

Trifolium pratense

Famille : Fabacées

Aspect : Plante herbacée pérenne (pluriannuelle), de 15 à 60 cm. Croissance verticale. Nombreuses inflorescences de forme ronde à oviforme (de blanches à rouges). Floraison : fin avril à octobre.

Utilisation : Efficace pour améliorer le sol. Fixateur d'azote à travers la symbiose avec les bactéries, et ameublit le sol par son système racinaire. Le mieux est de le semer en précédent cultural.

Semis : Semer d'avril à août (lit de semences).

Système racinaire : Racine pivotante profonde (jusqu'à 2m !).

Spécificité : Importante plante mellifère.

PHACÉLIE [6.]

Phacelia tanacetifolia

Famille : Hydrophyllacées

Aspect : Herbacée, poilue, annuelle, bisannuelle ou vivace (selon les variétés). Système racinaire dense. Feuilles alternes et inflorescence en forme d'escargot.

Utilisation : Peu compliquée ! Ne transmet pas de maladies, car n'est apparentée à aucune de nos plantes cultivées. Elle extrait du sol les nitrates toxiques par filtration. Forme un bon ombrage pour le sol. A semer entre les cultures. Laisser les plantes fanées sur le sol.

Semis : Jusqu'en août, s'il y a du soleil.

Système racinaire : Système racinaire superficiel ; de ce fait, peu de concurrence pour les nutriments.

Spécificité : Supporte bien l'ombre, une météo froide et humide affaiblit la plante.

TRÈFLE D'ALEXANDRIE

Trifolium alexandrinum

Famille : Fabacées

Aspect : Plante annuelle, herbacée, rampante. Feuilles trifoliées (légèrement dentées) et inflorescence ronde (blanchâtre). Fleurit de mai à septembre. Jusqu'à 1 m de hauteur.

Utilisation : Recouvreur de surfaces efficaces, bon fixateur d'azote. Peu compliqué et peu exigeant. Idéal comme précédent cultural sur les plates-bandes à semer.

Semis : Jusqu'à fin juillet ; environ de 2 à 3 g/m². Lit de semences.

Système racinaire : Système racinaire fibreux, ramification étendue.

Conseil : Idéal en tant que culture intercalaire après les pommes de terre nouvelles.

D'AUTRES PLANTES A ENGRAIS VERT : vesce d'hiver (fixateur d'azote, ameublissement du sol rapide), vesce d'été (fixateur d'azote, ameublissement du sol rapide), radis oléifère, trèfle incarnat (fixateur d'azote, culture d'hiver), trèfle de Perse (fixateur d'azote), sainfoin (supporte très bien la sécheresse).

[4.]

[5.]

[6.]

DES SOINS ATTENTIONNÉS

pour le jardin biologique

DANS LES PLATES-BANDES, LES FRUITS, LÉGUMES ET PLANTES CONDIMENTAIRES SONT SOUVENT EN CONCURRENCE AVEC LES ADVENTICES POUR L'EAU ET LES NUTRIMENTS. GRÂCE À UN BINAGE EFFICACE, UNE ASTUCIEUSE COUVERTURE DE MULCH ET UN SARCLAGE PRÉVENTIF, ON PEUT ACCOMPAGNER ET AIDER LA CROISSANCE DE NOS PLANTES.

L'essentiel

[a] LA HOUE OSCILLANTE permet un travail très proche dans la zone des racines, sans les endommager. La houe reste également bien visible dans la terre.

[b] LE TRAVAIL SUPERFICIEL DU SOL en position de travail verticale ménage le dos. Pour cela, un long manche est nécessaire. Si le sol est seulement travaillé en surface, les graines de mauvaises herbes « dormantes » ne sont pas amenées dans la zone de germination.

[c] LES TRAVAUX DE JARDIN EN POSITION PENCHÉE constituent un défi pour tous les dos.

BINER

Des soins efficaces au jardin biologique

Le binage est une activité importante au jardin, qui soutient une croissance saine des plantes. Il remplace l'arrosage, fertilise le sol et combat les adventices non désirables, ainsi que les parasites.

Les influences météorologiques telles que les averses, etc. peuvent encroûter les sols. Il manque alors l'oxygène vital nécessaire à la respiration racinaire de la plante et à la vie du sol qui l'entoure, qui comprend les lombrics, les bactéries bénéfiques et les champignons. Ceci engendre des processus métaboliques toxiques. Un binage régulier active les sources naturelles de nourriture du sol et libère l'azote disponible pour les plantes, issu des processus microbiens. Un sol croûté n'est plus en capacité d'absorber suffisamment d'eau de pluie. Un sol ameubli par le binage est capable de gérer l'eau de pluie jusqu'aux couches profondes.

QUAND BINER ?

Le binage doit avoir lieu pendant la période de plantation en fonction des constellations correspondantes, c'est-à-dire plantes-racine un jour-racine, etc. Il vaut mieux biner un sol très humide le matin. De la même façon, on bine un sol très sec le soir afin que l'humidité de l'environnement puisse être absorbée dans le sol. En règle générale, il faut seulement biner en surface, c'est-à-dire à 2 cm maximum de profondeur. Ainsi, se forme une couche meuble qui régule l'humidité.
Le binage doit avoir lieu régulièrement, surtout après les précipitations, lorsque le sol est à nouveau plus ou moins sec. Après le binage, on peut immédiatement mettre du mulch (voir p. 105). Le binage régulier pendant le stade germinatif des mauvaises herbes, facilitera également le sarclage ultérieur. Le binage combat de bonne heure les mauvaises herbes, telles que la véronique, l'arroche des jardins et le mouron et les empêche de former de nouvelles graines. Les plantes sont retirées à la racine avec des petits restes de terre. Elles sèchent ainsi plus rapidement qu'avec des grosses mottes de terre. Veillez à biner en surface, afin d'éviter de faire remonter et germer les graines de mauvaises herbes qui se trouvent plus profondément dans le sol.

OUTILS UTILES

Une houe oscillante, avec un long manche ovale, est conseillée pour un sarclage de longue durée, sans fatigue en position verticale [→a]. Un manche ovale pour une houe oscillante demande beaucoup moins de force qu'un manche rond ordinaire. La houe oscillante est adaptée à tout type de sol et pour toutes les cultures. La houe permet à la fois de tirer et de pousser. La houe oscille toujours dans les deux directions. La lame légèrement incurvée de la houe oscillante se trouve en permanence dans le sol pendant le travail, à la différence des houes traditionnelles. La lame aiguisée des deux côtés permet de biner au plus près de la plante sans l'abîmer.
Un autre outil de binage recommandé est un sarcloir à lame avec une orientation adaptée. Il permet un sarclage tirant précis en position verticale à maximum 2 cm de profondeur [→b]. Ici aussi, il est recommandé d'avoir un long manche ovale pour travailler en ménageant son dos.
Pour un ameublissement du sol profond, par exemple pour les légumes-racine, un croc à dents est adapté. Le croc à dents ameublit la terre avec peu d'effort jusqu'à 20 cm de profondeur, sans détruire la stratification naturelle du sol. Le manche doit être légèrement courbé, avec la courbure vers le bas. Une poignée supplémentaire sur le manche facilite le travail.

[a]

[b]

L'essentiel

[a] A L'AIDE D'UNE GOUGE À DÉSHERBER on peut déterrer les rhizomes des mauvaises herbes en profondeur.

[b] LORSQU'ON enlève le rhizome profond, on peut voir combien de fois celui-ci a repoussé.

[c] LES ADVENTICES à racines superficielles peuvent être facilement désherbées avec un couteau. Dans ce cas, il n'y a aucun danger que les plantes repartent.

[d] AVEC UN SARCLOIR DE PRÉCISION il est possible d'ameublir au plus près de la plante. La mauvaise herbe qui germe sans être encore visible est perturbée, car on casse le germe sous la terre.

LE DÉSHERBAGE DOIT S'ADAPTER AU TYPE D'AVENTICE.

[c]

[d]

SARCLER LES ADVENTICES

Des outils pratiques pour le jardinage

Des méthodes spécifiques sont nécessaires pour éloigner avec succès les adventices des plates-bandes. Si l'on sarcle en tenant compte du comportement de l'adventice spécifique, le sarclage devient une activité satisfaisante.

Il n'y a pas de mauvaises herbes. Il n'y a que des plantes qui se trouvent « à la mauvaise place ». C'est pourquoi, on parle aujourd'hui plutôt d'adventices. Bon nombre de ces plantes sont saines et, de surcroît jolies, comme par exemple le coquelicot. Beaucoup sont des plantes médicinales et sont de bonnes plantes fourragères ou d'hivernage pour les "auxiliaires au jardin" comme les papillons.

ADVENTICES À GRAINES ET ADVENTICES À RHIZOME

Afin d'éradiquer efficacement les adventices des plates-bandes, il faut savoir que certaines ont des racines profondes et d'autres ont des racines de surface. On reconnaît les plantes à enracinement profond à leur système de rhizome et de racines étendu. Lorsqu'on les coupe en surface, ces plantes sont capables de repousser. Dans ce groupe, on trouve par exemple le chardon, le liseron et le pissenlit. Plus les racines de ces plantes pourront être déterrées en profondeur, plus la lutte contre ces adventices sera durable. Couper les plantes à rhizomes et racines profondes en surface n'est pas un moyen efficace de les combattre à long terme.

UNE GOUGE À DÉSHERBER POUR LES RACINES PROFONDES

La gouge à désherber est un outil utile pour combattre les adventices à racines profondes [→a]. Grâce à elle, on peut retirer les racines bien plus en profondeur qu'on ne pourrait le faire à la main. On l'enfonce par le côté légèrement en biais et le plus loin possible sous la plante, afin de pouvoir retirer les racines suffisamment en profondeur.
La fourche à bêcher est également très utile pour un travail du sol destiné à se débarrasser des adventices à racines profondes. La bêche diviserait les racines des adventices en plusieurs morceaux qui pousseraient à nouveau.

DÉSHERBER LES ADVENTICES À RACINES SUPERFICIELLES

Pour les adventices à racines superficielles creuser en profondeur n'est pas nécessaire. La meilleure façon de les enlever est d'employer un couteau [→c]. On reconnaît ces plantes à leur racine fasciculée. Dans ce groupe on trouve par exemple le pourpier, le millet et le mouron. A la différence des adventices à racines profondes, leur point de végétation, c'est-à-dire l'endroit où la plante poursuit sa croissance principale, se trouve hors de la terre. Pour enlever les adventices à racines superficielles, il suffit d'inciser avec un couteau la terre 1 cm sous la partie aérienne de la plante, de couper le collet de la racine et de retirer l'adventice avec le morceau de racine coupée. Ainsi, la plante ne pourra plus repousser. Si vous avez du pourpier en adventice, vous pouvez l'ajouter dans la salade.

UN SARCLOIR DE PRÉCISION POUR LES JEUNES ADVENTICES

Il existe un outil pour le sarclage appelé sarcloir de précision. Cet outil permet de désherber les jeunes adventices rapidement et relativement sans effort, spécialement entre les cultures denses [→d]. Il permet aussi de très bien sarcler les rangs de légumes jeunes, car on passe très près des plantes sans les endommager. Le travail sur la plate-bande avec le sarcloir s'effectue de préférence un matin ensoleillé. Ensuite, on laisse les jeunes adventices en tant que mulch à la surface, de préférence sans racines. Le mulch est déjà sec l'après-midi et peut alors servir de protection pour le sol.

[1.]

[2.]

[3.]

[4.]

ADVENTICES

Les adventices poussent à côté de nos fleurs et de nos plantes alimentaires. Ce sont des concurrentes pour l'eau et les nutriments. C'est pour cette raison qu'il faut les enlever rapidement.

LISERON DES CHAMPS [1.]

Convolvulus arvensis

Type : Adventice à rhizome.
Aspect : Plante herbacée, prolifique avec des fleurs rose-blanc voyantes et de très profonds rhizomes et racines.
Habitat : Sols calcaires, riches en nutriments et argileux.
Dissémination : Racine pivotante fortement ramifiée.
Lutte : Biner, ameublir le sol en profondeur, éventuellement modifier la composition du sol.
Conseil : L'ameublissement du sol qui constitue la lutte la plus efficace devrait toujours accompagner les autres mesures.

PRÊLE DES CHAMPS [2.]

Equisetum arvense

Type : Adventice à rhizome.
Aspect : Tige principale ramifiée, pousses d'un vert intense, jusqu'à 50 cm.
Habitat : Sols compactés (beaucoup travaillés), pauvres en humus.
Dissémination : Par un système racinaire profond (rhizome).
Lutte : Creuser, car seul le fait d'enlever complètement la plante est efficace. Ne pas laisser de restes de rhizomes dans le sol ! Un bon ameublissement du sol est un remède durable.
Spécificité : Du fait de sa haute teneur en silice, cette plante était souvent utilisée dans le passé pour polir des objets en étain.

PISSENLIT [3.]

Taraxacum sect. *Ruderalia*

Type : Adventice à rhizome.
Aspect : Croissance en forme de rosette. Fleurs jaunes qui se transforment en fruits formant les fameux « parachutes ».
Habitat : Presque partout, surtout les sols argileux ; espèce pionnière.
Dissémination : Grâce à une longue et profonde racine pivotante. Se propage aussi grâce à de petits morceaux de racines. De surcroît par les graines.
Lutte : Enlever toute la plante, de préférence avec une gouge à désherber ou un couteau assez long.
Conseil : Le pissenlit donne une saine infusion aromatique (vitamine C). Préparez simplement la plante complète avec de l'eau bouillante (environ 10 minutes).

LAMIER [4.]

Lamium

Type : Adventice à graines.
Aspect : Plante annuelle, très poilue, vivace. Feuilles ressemblant à celles des orties, avec un réseau de nervures accentué. Fleurs blanches, roses, pourprées en verticilles.
Habitat : Sols riches en azote.

Dissémination : Stolons (résistants au froid).
Lutte : Comme il se propage volontiers dans des conditions favorables, possible uniquement par défrichage et travail profond du sol.
Spécificité : Les lamiers sont des plantes à nectar et à pollen importantes pour les abeilles.

ÉGOPODE PODAGRAIRE [5.]

Aegopodium podagraria
Type : Adventice à rhizome se propageant à profusion.
Aspect : Plante herbacée présentant une tige anguleuse, des fleurs ombellifères blanchâtres, jusqu'à 1 m de hauteur.
Habitat : Emplacements ombragés, humides, sols riches en nutriments. Très fréquent dans les jardins d'agrément.
Dissémination : Rameaux, long rhizome ramifié (proche du sol).
Lutte : Défrichage, enlever le rhizome (fourche à bêcher), couvrir le sol (carton, film papier).
Spécificité : L'égopode podagraire ayant un effet dépuratif, il est utilisé comme remède contre la goutte.

LIERRE TERRESTRE [6.]

Glechoma hederacea
Type : Adventice à rhizome.
Aspect : Plante herbacée à feuilles persistantes avec une croissance rampante et de belles fleurs bleu-violet.
Habitat : Sur les sols légèrement humides, riches en nutriments et humiques.
Dissémination : Par les longs stolons enracinés.
Lutte : Sarcler régulièrement, en enlevant complètement les plantes.
Spécificité : Le lierre terrestre possède un effet diurétique et est utile pour les inflammations de la gorge, du nez et des oreilles. Toxique pour les animaux, surtout pour les chevaux !

MOURON BLANC [7.]

Stellaria media
Type : Adventice à graines.
Aspect : Herbacée, plante, étalée, avec des petites fleurs blanches en étoiles.
Habitat : Sur des sols riches en azote.
Dissémination : Pousses s'enracinant.
Lutte : Elimination des fleurs. Eviter la formation de graines.
Conseil : Plante très aromatique aux nombreuses utilisations, par exemple comme tisane ou comme salade épicée.

GALINSOGA [8.]

Galinsoga parviflora
Type : Adventice à graines.
Aspect : Annuelle, plante herbacée atteignant 20 cm. Feuilles entières opposées et délicate inflorescence blanchâtre jaune.
Habitat : Sur les sols frais, limoneux, riches en azote.
Dissémination : Autopollinisation ; les semences et les parties de plantes sont souvent propagées par le vent ou les animaux.
Lutte : Travail du sol intensif grâce à un bêchage et un mulching réguliers.
Conseil : Peut être utilisé cru comme salade ou cuit comme légume d'accompagnement (jeunes plantes).

CHIENDENT

Elymus
Type : Adventice à graines.
Aspect : Pérenne, graminée herbacée, inflorescence en épi ; croît verticalement.
Habitat : Sur les sols pauvres en nutriments avec une haute teneur en azote (pelouses sèches, bords de routes, etc.).
Dissémination : Par des rhizomes souterrains, fort potentiel de prolifération.
Lutte : Sarclage régulier afin d'empêcher un bourgeonnement des rhizomes dans le sol. Un bon ombrage du sol grâce à des plantes à croissance rapide est le plus efficace à long terme.

[5.]

[6.]

[7.]

[8.]

L'essentiel

[a] DES PLANTES, VERTES, BROYÉES, sont bien adaptées pour la couverture du sol.

[b] SOUS LES GRANDES PLANTES, telles que les tomates, on peut déposer de grandes quantités de mulch jusque tout près de la plante.

[c] SI LA COUCHE a diminué à travers le processus de digestion du sol, on peut rajouter une couche de mulch.

[d] LE MULCH PERMET de réduire l'apport en eau et les besoins de sarclage.

MULCHING

Soins préventifs pour le sol

Mulcher signifie recouvrir le sol nu avec de la matière organique. Le mulch protège, soigne et améliore le sol, il favorise la vie du sol.

Dans la nature, il n'y a quasiment pas de sol nu, non couvert. Le sol et les organismes du sol sont toujours recouverts d'un manteau organique de feuillage ou d'une couche de plantes. La couche de plantes dans la nature ombrage le sol, active les organismes du sol, empêche le lessivage des nutriments et protège contre le gel. Le sol est enrichi avec de la matière organique qui sera transformée en humus, et ainsi le fertilisera aussi de façon naturelle.

DES MATÉRIAUX DE MULCHING ADAPTÉS

Prenez exemple sur la nature et recouvrez le sol du jardin avec du mulch. Pour le mulching, on peut utiliser toute la matière organique réduite en morceaux, la plus variée possible :

- Tontes de gazon.
- Feuilles des arbres.
- Adventices broyées avant la formation de graines (!)
- De l'ortie et des feuilles de consoude, grossièrement réduites en morceaux.
- Engrais vert fauché et paille hachée.

ÉTALER LA COUCHE VÉGÉTALE

La tonte de gazon, légèrement fanée, qui est produite en grande quantité dans la plupart des jardins est parfaitement adaptée en tant que mulch à disposer en couches peu épaisses de 3 à 4 cm. Il faut garder un peu d'espace autour de la plante afin que l'humidité apportée par l'arrosage parvienne à la plante. Les restes de mulch doivent être intégrés à la terre avant la pose d'une nouvelle couche ou après l'hiver. Bien réduite en morceaux et de préférence posée durant la période de plantation, la couche de mulch sert à améliorer le sol. Durant la période de plantation, le matériau de mulch est rapidement assimilé par les organismes du sol. Des matériaux plus grossiers servent avant tout pour la protection du sol.

LE MULCHING REMPLACE L'ARROSAGE

Il est possible qu'une plate-bande mulchée vous apparaisse en premier lieu comme inhabituelle et quelque peu « sale ». Cependant, les avantages sont évidents. La surface du sol est non seulement protégée et ombragée mais l'eau reste dans le sol ce qui diminue l'arrosage. Comme le sol n'est pas desséché, les organismes du sol restent actifs jusque dans les couches supérieures du sol. Ainsi, le sol reste meuble. Les lombrics, avant tout, cherchent leur nourriture dans les matériaux de mulching. Les adventices sont étouffées par la couche de mulch et sont plus faciles à enlever. Cependant, pour une amélioration du sol durable, un apport régulier en compost est nécessaire en plus du mulching.

QUELQUES ANIMAUX QUI SONT D'UNE GRANDE AIDE AU JARDIN **tels que les fourmilions et les guêpes fouisseuses ont besoin d'une terre « nue » pour leur espace vital. C'est pourquoi, il est conseillé de préserver un coin de terre nue dans son jardin.**

LES ENGRAIS DU COMMERCE

une aide rapide en cas de manque de nutriments

Un sol vivant se développe grâce à l'apport de compost, d'engrais verts, de soins du sol actifs et d'une rotation des cultures réfléchie. Un usage ponctuel d'engrais organiques du commerce peut aider à compenser à court terme un manque de nutriments.

En règle générale, une terre vivante dispose de suffisamment de nutriments pour les plantes. Vous pouvez facilement l'identifier à la vigueur de développement de vos plantes et à leur santé. Cependant, si vous n'avez pas de compost en réserve ou que vos efforts pour stimuler le sol (apport d'engrais verts, rotation des cultures, mulching, etc.) n'ont pas encore eu de succès et que vous avez détecté à l'analyse du sol un manque de nutriments, l'emploi d'engrais organiques du commerce est judicieux. Cela ne devrait pourtant pas vous empêcher de continuer à alimenter votre compost en matières organiques fraîches et recyclables. Il faut veiller à apporter les engrais organiques du commerce au bon moment, afin que les micro-organismes aient suffisamment de temps pour les rendre disponibles pour les plantes. On trouve également des engrais synthétiques dans le commerce, mais il ne faut pas les utiliser dans un jardin biologique !

CORNE BROYÉE CONTRE LE MANQUE D'AZOTE

Lorsqu'il y a un manque de nutriments au jardin, il n'y a généralement pas assez d'azote, car les plantes exigeantes en ont un besoin élevé. En règle générale, un engrais azoté simple à base organique, le plus souvent composé de corne, suffit. La potasse et le phosphore sont le plus souvent disponibles en quantité suffisante dans le sol du jardin. La corne broyée se compose généralement de cornes de vache et de sabots de vache réduits en morceaux. Il existe des variantes, plus ou moins finement moulues: poudre de corne et copeaux de corne.
La poudre de corne est plus rapidement disponible. Elle agit déjà au bout de 2 ou 3 semaines, car le fin broyat peut être immédiatement transformé par les micro-organismes. La poudre de corne peut être utilisée pour les cultures « affamées », d'apparence jaune, en l'incorporant superficiellement à proximité des plantes.
Les copeaux de corne grossiers sont digérés plus lentement par les micro-organismes. Leur effet principal se déploie entre 4 semaines et 3 mois. Avec les gros copeaux de corne, le flux d'azote commence après 4 à 6 semaines. Cependant, généralement seul 60% du contenu est libéré au cours de la première année. Le reste est à disposition de la prochaine culture l'année suivante. En cas de manque d'azote dans le sol, les gros copeaux sont généralement utilisés pour les cultures exigeantes à croissance longue, comme par exemple le céleri-rave, le poireau, le chou, le chou de Bruxelles, le concombre et la tomate. Les copeaux de corne sont ensuite directement administrés à la plantation.

ÉPANDRE SUR LA PLATE-BANDE

Administrez l'engrais organique lors de la préparation du sol et incorporez-le à la couche supérieure du sol. Prenez garde à ce que la libération de nutriments corresponde à la période de croissance principale de la plante. Les plantes ne doivent pas être sur-fertilisées avec un excès d'azote, particulièrement pendant la période de maturation et de récolte. Celui-ci altère longuement la capacité de conservation et la saveur des fruits ! En outre, les impulsions subtiles qui peuvent être activées par respect des positions de la lune et des astres, ne se déploient pas.

MÉLANGE POUR LES PLANTES EXIGEANTES À PARTIR DU COMPOST

Si vous avez déjà du compost en quantité suffisante, vous pouvez constituer un « mélange pour plantes exigeantes » à partir d'engrais organique du commerce et d'un bon compost. Pour cela, mélangez 75% de compost et 25% d'engrais organique azoté au début du printemps dans un silo spécifique pour provoquer une plus rapide agglutination des particules du sol par l'action des micro-organismes dans ce compost. Vous renforcez de plus l'harmonisation de ce processus par la bonne utilisation des préparations biodynamiques du compost.
Vous devez disposer d'environ quatre se-

maines, avant d'intégrer ce compost spécial peu en profondeur dans la plate-bande sous la bonne configuration cosmique en la soutenant par une pulvérisation de bouse de corne. Comme les cultures gourmandes en nutriments restent longtemps dans les plates-bandes, il peut être judicieux de rajouter un peu de compost spécial entre les rangées environ deux mois après la plantation et de recouvrir ensuite les interstices d'un bon mulch.
L'utilisation de ce mélange pour plantes exigeantes prévient une surfertilisation indésirable de vos plantes en azote.

DU CALCAIRE POUR UN SOL ACIDE

La plupart des plantes préfèrent un sol avec une acidité équilibrée qui correspond à un pH de 6,5 à 7. Les exceptions sont les plantes ayant un emplacement semi-ombragé, comme les myrtilles, les mûres, les rhododendrons qui apprécient un sol plus acide, avec un pH inférieur à 5,5.
Normalement, dans le jardin biologique on ne doit pas spécialement faire attention au pH du sol car le sol, habité par les micro-organismes, se protège généralement seul contre les excédents d'acides et de bases. Si la vie de la terre n'est pas ou pas encore en harmonie, une correction du pH (résultats de l'analyse du sol) peut être apportée. Avec le calcaire dolomitique, vous pouvez augmenter le pH et ainsi la teneur en calcaire de votre sol, lorsque celui-ci est un peu trop bas, c'est-à-dire que sa valeur se situe en-dessous de 6,5.

PURIN SPÉCIAL

Si vous ne souhaitez pas utiliser d'engrais du commerce, vous pouvez préparer une sorte de purin avec de la bouse de vache fraîche. Diluez la bouse avec de l'eau (une bouse pour 10 l d'eau), versez ensuite le mélange sur le sol et incorporez-le à la surface. Ainsi, les micro-organismes peuvent immédiatement commencer la transformation et la lumière du soleil ne peut pas détruire la précieuse substance.

RENFORCER LES PLANTES

Purins, tisanes et auxiliaires

PURINS, TISANES, AUXILIAIRES NATURELS ET PIÈGES MÉCANIQUES, SONT DES MÉTHODES NON POLLUANTES POUR PRÉVENIR LES MALADIES ET LES PARASITES DANS LE JARDIN BIODYNAMIQUE.

[a]

L'essentiel

[a] BOURREZ le récipient d'ortie fraîche broyée.

[b] AJOUTEZ DE L'EAU jusqu'à ce que le récipient soit plein.

[c] LE MÉLANGE doit ensuite infuser durant 24 h.

[d] LES ORTIES sont filtrées avant l'utilisation. Un simple collant féminin peut servir en tant que filtre.

[b]

UTILISEZ TOUJOURS UN RÉCIPIENT AVEC COUVERCLE.

[c]

[d]

MACÉRATIONS FROIDES

pour la lutte contre les parasites

Les macérations froides sont des produits non polluants contre les parasites. En même temps, elles renforcent les plantes infestées en soutenant activement leur résistance naturelle.

Les macérations pour le jardin, préparées à partir de plantes médicinales, sont faciles à fabriquer soi-même.

LA MACÉRATION FROIDE D'ORTIE

La macération froide d'ortie est un remède classique facile à fabriquer contre les pucerons. La macération d'ortie ou plus précisément l'acide silicique dissout dans les orties chasse les pucerons sans les tuer.

On procède comme suit

On prend des orties fraîches avant la floraison (*Urtica dioica*), coupées en petits morceaux, que l'on tasse dans un récipient (matériel au choix) avec un couvercle **[→a]**. La quantité dépend du nombre de plantes à traiter (1 kilo d'orties fraîches pour 10 l d'eau). Ensuite, les orties sont complètement recouvertes d'eau froide **[→b]** et protégées par un couvercle contre les mouches, etc. **[→c]**. Après environ 24 heures, le jus d'ortie est filtré **[→d]** , on met le reste des plantes dans le compost et on pulvérise les plantes atteintes à grosses gouttes avec la macération. N'oubliez pas la face inférieure des feuilles ! Le purin est utilisé en jour-feuille.

En tant que produit de protection des plantes, la macération froide d'ortie doit toujours être appliquée fraîche. Il ne faut pas la préparer pour la conserver. Vous pouvez réutiliser (voir p.113) les restes de liquide en tant que purin pour engraisser les plantes. La macération froide ne fonctionne d'ailleurs pas avec des orties séchées car la teneur silicée est trop faible.

Renforcer la résistance

La macération froide d'ortie ne débarrasse pas complètement la plante des pucerons. Cela n'est d'ailleurs pas le but dans un jardin biologique. Le traitement sert en même temps à renforcer les propres protections de la plante.

DES ORTIES POUR LES PAPILLONS

Afin d'être toujours à même de réagir contre une infestation de pucerons au jardin, il est conseillé de cultiver quelques orties. Elles soutiennent de nombreux auxiliaires au jardin. En effet, l'ortie est une nourriture essentielle pour de nombreux papillons et leurs chenilles tels que le vulcain, la vanesse du chardon, la petite tortue etc.

[a]

[b]

[c]

[d]

L'essentiel

[a] UN POT À CHOUCROUTE est le récipient le plus adapté pour la fabrication du purin. Il protège du soleil et de l'air et laisse s'échapper les gaz de fermentation. On laisse le récipient fermé environ 14 jours, en remuant occasionnellement.

[b] L'EXTRACTION DU PURIN est réalisée par des moyens simples. Le purin filtré peut être conservé environ trois mois.

[c] ON AJOUTE de la poudre de roche au purin filtré, environ 50 g par litre. Ensuite, on mélange bien le tout afin d'oxygéner à nouveau.

[d] DILUTION environ 1 pour 10.

[e] LE SOIR, on arrose directement sur la plate-bande. Cela peut être effectué tous les 15 jours pour la plupart des plantes.

[e]

PRÉPARER LES PURINS

Fortifier les plantes

Les purins renforcent les plantes et servent, grâce à leur effet fertilisant, à la protection préventive des plantes. Vous pouvez les préparer vous-même à partir de plantes médicinales.

LE PURIN D'ORTIE

Le purin d'ortie sert à fortifier les plantes, de même qu'à leur protection préventive. De plus, il constitue un engrais azoté.
Si on utilise les restes d'ortie des pages 110-112, le liquide doit être soumis à un processus de fermentation qui dure environ deux semaines. Ce processus de fermentation rend l'azote de l'ortie disponible pour les plantes.
C'est pourquoi, à la différence de la macération, vous pouvez également utiliser des plantes sèches pour le purin (200 g de matière sèche pour 10 l d'eau).
Pour le purin, il faut également un récipient avec un couvercle. Faites attention à ne pas remplir entièrement le récipient (maximum aux quatre cinquièmes), car le purin commence à mousser au cours du processus de fermentation.
Si possible, remuez vigoureusement le liquide chaque jour afin que l'apport d'oxygène soit assuré pour le processus de fermentation. Un emplacement ensoleillé soutient encore davantage le processus. Le bouillon sent mauvais au départ, mais l'odeur diminue au cours du processus de fermentation. Après environ 15 jours, selon la météo, le purin d'ortie est terminé. Le liquide a alors pris une couleur sombre et ne mousse plus. On filtre les feuilles et les tiges, puis on les met en petits morceaux au compost.

Utilisation préventive

Le purin est ensuite dilué dans de l'eau dans une proportion de 1 pour 10 (pour les plantes sensibles, de 1 pour 20) et versé sur le sol à l'arrosoir au niveau des racines des plantes.
Le mieux est de le faire sur une terre déjà humide. Pour les cultures de longue durée, le purin dilué est épandu au cours de la période de croissance principale à intervalles de 15 jours, pour les cultures de courte durée une seule fois, de préférence un jour couvert. N'arrosez pas les feuilles mûres, afin que les plantes ne souffrent pas de brûlure. Faites attention à ce que la concentration ne soit pas trop élevée, sans quoi la plante pourrait être endommagée.

LE PURIN D'ORTIE ET DE CONSOUDE

J'apprécie particulièrement le purin d'ortie et de consoude.
Il réunit les effets structurants de deux plantes médicinales et est parfaitement adapté pour le renforcement des plantes.
Il contient une grande quantité d'azote et de potassium, de phosphore et d'oligo-éléments.
Pour la fabrication, on utilise de la consoude (*Symphytum officinale*) et de l'ortie, tout d'abord réduites en morceaux et le liquide est ensuite mis dans un récipient avec couvercle, comme pour le purin d'ortie. Ici aussi il est conseillé d'ajouter de la poudre de roche afin de favoriser le processus de fermentation. Les feuilles de consoude réduites en morceaux peuvent aussi servir de mulch sur le sol.

L'essentiel

[a] LE "POT-PIÈGE" est enterré à 3 ou 4 cm en dessous de la surface du sol du jardin.

[b] ON REMPLIT le pot de fleur de fumier de vache à moitié décomposé, en tassant bien.

[c] POUR RENDRE LE PIÈGE plus efficace, le pot de fleur est directement placé au-dessus du "pot-piège". Faites attention, à ce que rien ne tombe dans celui-ci.

[d] DES TOURNEVIS, insérés dans le pot en plastique, empêchent que le fumier ne glisse dans le "pot-piège".

[e] A L'AIDE D'UNE GRANDE CUILLER, on retire le coupable du piège et on l'offre en repas aux oiseaux.

PIÈGES À COURTILIÈRES

Protéger les jeunes plants de façon intelligente

Un moyen efficace de protéger les jeunes plants contre les courtilières est le fameux piège à courtilière. Il a été développé par mon père et est facile à élaborer. C'est pourquoi, je souhaite vous le présenter ici.

UNE PARENTE DE LA SAUTERELLE

Les courtilières sont des parentes primitives des sauterelles. Elles peuvent atteindre jusqu'à 7 cm de longueur, sont actives la nuit et passent la plupart du temps sous la terre. Comme elles préfèrent les sols meubles cultivés pour l'aménagement de leur système de tunnels, elles dévastent les plates-bandes de légumes fraîchement aménagées, car en creusant elles sortent les jeunes plants du sol.

MATÉRIEL NÉCESSAIRE POUR LES PIÈGES

Pour la fabrication des pièges à courtilière, vous avez besoin d'un petit « pot-piège », d'une petite bêche, d'une petite cuiller avec un long manche (par exemple, une cuiller pour le latte-macchiato), d'un pot de fleur en terre ou en plastique dont le diamètre est environ 2 cm plus grand que celui du petit « pot-piège », ainsi que de fumier de vache pas encore tout à fait décomposé.

DESCRIPTION DE LA CONSTRUCTION

La courtilière se déplace en principe de 1 à 2 cm en dessous de la surface de la terre. C'est pourquoi le « pot-piège » doit être enterré, un peu plus profondément, à environ 3 cm en dessous de la surface. A l'aide de la bêche, creusez un trou et placez-y le petit « pot-piège » **[→a]**. Lorsque vous remplissez ensuite le trou de terre autour du pot, il est bien de recouvrir l'ouverture du pot avec la main, afin d'éviter que de la terre ne tombe à l'intérieur. Faites bien attention à ce qu'il n'y ait pas d'espaces libres autour du pot et à ce que le pot soit bien à environ 2 cm en dessous de la surface de la terre, sans quoi l'astuce ne fonctionne pas. La terre tombée dans le "pot-piège" est retirée à l'aide de la cuiller.
On remplit alors le pot de fleur avec le fumier qui sert d'appât pour la courtilière **[→b]** puis on le dépose avec l'ouverture vers le bas **[→c]**. Pour cela, le fumier doit encore être suffisamment humide et collant.
La courtilière, attirée par l'odeur du fumier, avance sous terre dans le pot, commence alors à creuser et tombe dans le petit « pot-piège » car le sol s'écroule. Pour cela, veillez à ne pas trop presser le fumier. Le jour suivant, vous pourrez retirer la courtilière du « pot-piège » **[→e]**.

Une petite astuce pour le fumier

Si le fumier ne tient pas bien dans le pot, parce qu'il est trop humide ou bien que vous avez seulement un pot en plastique et non un pot en terre (un pot en terre peut mieux absorber l'humidité et a une surface moins lisse), vous pouvez procéder de la manière suivante : plantez deux petits tournevis, à l'extrémité supérieure du tiers inférieur des deux côtés opposés dans le pot de fleur **[→d]**. Les tournevis retiennent le fumier et l'empêchent de tomber dans « le pot-piège ». S'il tombait dans le « pot-piège », la courtilière fouirait ensuite dans le fumier, le piège ne serait plus actif car la courtilière pourrait à nouveau s'extraire du pot plein. C'est pourquoi, il doit y avoir entre le « pot-piège » enterré dans le sol et le pot posé dessus un intervalle d'environ 2 cm, pour que le piège puisse fonctionner.

LES AUXILIAIRES AU JARDIN

Qui mange qui ?

Les coins sauvages et les plantes indigènes font du jardin un refuge pour les auxiliaires. De façon naturelle, ils aident à réguler les parasites.

Le spectre des auxiliaires au jardin est large et diversifié. Il va des petits organismes tels que les bactéries et les champignons du sol, en passant par les lombrics, les araignées, les fourmis, les insectes attirés par les fleurs jusqu'aux oiseaux et aux hérissons. Plus votre jardin est diversifié, plus il attirera différentes espèces d'auxiliaires.

ADVERSAIRES SUR LA PLATE-BANDE

Un pas important pour l'implantation d'insectes utiles dans votre jardin est de planter des plantes à fleurs diversifiées. Plus vous en cultivez dans votre jardin, plus d'auxiliaires s'y implanteront. Parmi eux, on compte par exemple, les syrphes, les cécidomyies, les chrysopes vertes et les ichneumons.
L'ichneumon est par exemple l'adversaire naturel de l'aleurode des serres, qui attaque les feuilles des plantes et qui est le principal ravageur dans les serres.
Les chrysopes sont les principaux auxiliaires dans l'action contre l'araignée rouge, un ravageur qui cause des dommages aux arbres fruitiers, aux groseilliers, aux groseilliers à maquereau, ainsi qu'aux cultures sous serre. D'autres adversaires de l'araignée rouge sont les acariens, les punaises prédatrices, ainsi que les coccinelles.
Vous pouvez mettre des plantes à fleur directement dans les plates-bandes de légumes ou bien sur les bords. Faites attention lors du choix des plantes, de planter si possible des espèces indigènes qui fleurissent à différents moments de l'année. De plus, il vaut mieux éviter les variétés ayant des fleurs doubles.

Larves contre pucerons

Les coccinelles, toujours très appréciées, sont les plus grandes exterminatrices de pucerons (voir photo). Cependant, elles ne mangent elles-mêmes qu'une partie de ce que leurs larves peuvent ingurgiter. Celles-ci sont capables de manger plusieurs fois leur poids.
Les différentes espèces de coccinelles sont toutes des auxiliaires qui tiennent en échec outre les pucerons, les cochenilles, les Tetranychidae, et l'oïdium. Les coccinelles hibernent volontiers sous une couverture de feuilles ou sous une épaisse couche d'herbe.

OFFRIR UN ABRI

Des tas de feuilles, de brindilles, de bois mort offrent des refuges pour les animaux, tels que les hérissons et les belettes. Les belettes, en particulier, sont les prédateurs des campagnols. Les hérissons sont les auxiliaires idéals contre les limaces. Ils tuent un bon nombre d'entre elles. Les tas de pierre offrent un abri pour les lézards, les orvets et pour d'autres reptiles utiles. Les lézards mangent, entre autres, les escargots et préfèrent les tas de pierres qui se trouvent au soleil. Le crapaud, qui s'établit dans les jardins avec mare, se cache durant la journée sous les feuilles, sous les pierres ou sous les morceaux de bois. Il est également un auxiliaire contre les limaces, qu'il chasse la nuit.
Les haies naturelles, de différents arbustes locaux à feuilles ou à fleurs tels que le charme, le hêtre, le troène, l'aubépine, l'érable et le buis sont également d'excellents refuges pour de nombreux auxiliaires au jardin. De plus, les haies créent un microclimat protecteur.
En automne, laissez les tiges des plantes fanées. De nombreux insectes bénéfiques y hibernent et y déposent des œufs ou y trouvent leur nourriture. En hiver, vous pourrez observer sur les tiges de magnifiques formations de givre, ainsi que les oiseaux qui trouvent également sur ces tiges des graines leur fournissant de la nourriture durant la saison froide. Avant tout, laissez aussi les tiges d'orties en place. Elles constituent l'habitat et la nourriture d'un grand nombre d'auxiliaires, avant tout des papillons. Laissez de l'automne, jusqu'au moment du bourgeonnement au printemps, une couche sur le sol, par exemple des feuilles sous les haies, sur les bordures et sur les plates-bandes de vivaces. Beaucoup d'animaux peuvent y hiberner.

LES OISEAUX EN ACTION

Les oiseaux sont d'excellents auxiliaires pour le jardin biologique. Un couple de moineaux extermine par exemple en un été, la quantité d'un seau de ravageurs. De même, les mésanges sont de grandes exterminatrices. Leur aide contre les pucerons n'est pas à sous-estimer. Les mésanges étant cavernicoles, vous pouvez très bien faire implanter cette espèce d'oiseaux dans votre jardin grâce à des nichoirs (les nichoirs doivent être régulièrement nettoyés à la fin de l'automne après la couvée ou en hiver). De vieux arbres pourris ou morts sont aussi de bonnes zones d'habitat pour les cavernicoles, comme les pics, les hiboux, les sitelles, les grimpereaux (les chauves-souris ne comptent pas comme des oiseaux, mais elles aussi se sentent bien durant la journée en été dans les niches et les trous des arbres morts. Ces chasseurs d'insectes qui sont de précieuses aides pour le jardin biologique ne doivent pas être oubliés).

FAVORISEZ L'INSTALLATION DE GUÊPES SOLITAIRES DANS VOTRE JARDIN **en mettant à leur disposition du bois et un hôtel à insectes comme zone d'habitat et lieu d'incubation (voir p.125).**

[1.]

[2.]

[3.]

[4.]

LES PARASITES

les points noirs au jardin

Les pucerons, les chenilles, les limaces et les mouches sont des hôtes indésirables dans les plates-bandes. Apprendre à les reconnaître nous aide à lutter suffisamment tôt contre ces invités.

DORYPHORES [1.]

Aspect : Rouge jaunâtre, avec des rayures et des taches noires, de 8 à 15 mm.
Présence : Sur de nombreuses Solanacées (aubergines, tomates), mais principalement sur les pommes de terre.
Dégâts sur les plantes : Piqûres et défoliation rapides avec un effet létal sur toute la surface ! Les larves sont particulièrement voraces.
Mesures préventives : Difficile ! Les variétés résistantes aident mais empêchent rarement une infestation. Utilisez un filet de protection contre les insectes.
Lutte : Ramassage régulier (également les larves rougeâtres et les dépôts d'œufs, voir photo).

ALTISES [2.]

Aspect : Coléoptères sombres, très mobiles, d'environ 4 mm.
Présence : Très souvent sur les radis, les espèces de choux et d'autres Crucifères ; Plus fréquents par temps sec.
Dégâts sur les plantes : De nombreux trous arrondis sur les feuilles, avec souvent un effet létal sur les jeunes plantes.
Mesures préventives : Des cultures associées qui ont beaucoup besoin d'eau.
Lutte : Arroser régulièrement, biner, mulcher pour créer suffisamment d'humidité. Utiliser des filets à insectes.
Conseil : Quelques balayages légers avec un balai font déjà disparaître de nombreuses altises des surfaces foliaires.

MOUCHES BLANCHES [3.]

Aspect : D'environ 1 à 2 mm de grandeur et recouvertes de poussière de cire, blanc de neige. Ailées. On parle également d'aleurodes des serres (choux).
Présence : Avant tout sur les poivrons, les tomates et les concombres. En plus, souvent sur le basilic et le chou frisé.
Dégâts sur les plantes : Aspirent la sève et salissent par leurs excréments collants. Feuilles jaunies.
Mesures préventives : Choisir le bon emplacement, contrôler en permanence les plantes qui aiment la chaleur. Favoriser les auxiliaires.
Lutte : Choisir des emplacements aérés pour assurer une faible humidité de l'air, utiliser des huiles en pulvérisation.

TEIGNE DU POIREAU [4.]

Aspect : Les chenilles sont vert-jaunâtre avec des points noirs et une tête brune ; d'environ 1,2 cm de long.
Présence : Oignon, poireau, ciboulette, ail.
Dégâts sur les plantes : Sur les feuilles: pointes desséchées, trous. Perte de masse et de vitalité.
Mesures préventives : Respecter des espaces les plus grands possibles avec les surfaces de l'année précédente où l'on a cultivé des légumes de la famille de l'ail.
Lutte : Les auxiliaires, particulièrement les ichneumons. Utiliser des filets à insectes.

Conseil : Cultiver les légumes sensibles en cultures associées et en quantité contrôlable.

PUCERONS [5.]

Aspect : Insectes qui aspirent les plantes, de quelques millimètres (maximum 7 mm). Il existe des espèces ailées ou non.
Présence : Avant tout sur les plantes aromatiques, comme la sarriette, la capucine, la lavande, etc.
Dégâts sur les plantes : Retirent les nutriments à travers l'aspiration. Les feuilles infestées frisent, se gonflent ou s'enroulent. Les pucerons laissent des excrétions collantes (miellat).
Mesures préventives : Favoriser et implanter des auxiliaires (chrysopes, coccinelles).
Lutte : Pulvériser les feuilles infestées avec une macération d'ortie, du savon noir dilué dans de l'eau ou simplement de l'eau.

MINEUSES [6.]

Aspect : Selon les espèces, des larves de différentes couleurs, plus tard des chenilles.
Présence : Différentes espèces ayant chacune leur hôte spécifique. Dans les jardins de fruits et légumes, surtout sur les pommiers et les cerisiers (mineuse des arbres fruitiers). Exclusivement sur les feuilles.
Dégâts sur les plantes : Nécrose des feuilles qui conduit à un affaiblissement considérable des plantes malades pouvant être mortel.
Mesures préventives : Favoriser les auxiliaires tels que les ichneumons, les chauves-souris, les Tachinidae, choisir des variétés résistantes.
Lutte : Enlever complètement le feuillage et le brûler ; en dessous des arbres, il ne doit plus y avoir de feuilles contaminées !

CHENILLES [7.]

Aspect : Stades précurseurs marquants, très mobiles et bien visibles des espèces de papillons.
Présence : Implantation des chenilles directement sur les feuilles ou dans les fruits (pommes). Fruits à pépins.
Dégâts sur les plantes : Sur les bords des feuilles, trous, et aussi, partiellement défoliation (jusque sur la nervure des feuilles); trous dans les pommes par les carpocapses, fruits non mûrs, contenant des vers.
Mesures préventives : Cultures mixtes, anneaux de colle contre les phalènes brumeuses, des anneaux de carton contre les carpocapses.
Lutte : Ramasser régulièrement. Les préparations à partir de *Bacillus thuringiensis* ont fait leurs preuves.
Conseil : A terme, les auxiliaires (perce-oreilles, punaises, ichneumons) évincent les chenilles parasites.

LIMACES [8.]

Aspect : Généralement composées d'une tête, d'un pied, d'une bosse viscérale et d'un manteau. Se déplacent en rampant, en laissant des traces de bave caractéristiques.
Présence : Particulièrement sur les jeunes plantes et sur les pousses tendres par temps humide.
Dégâts sur les plantes : Trous et défoliation, en plus des traces de bave brillantes avec en partie un effet mortel pour la plante.
Mesures préventives : Arroser tôt le matin, favoriser les auxiliaires (hérissons, crapauds, musaraignes), mettre en place des clôtures à limaces, maintenir un sol aéré. Bonne gestion de l'humus, épandre de la silice de corne.
Lutte : Ramasser régulièrement.
Conseil : Un cercle de plantes de sarriette et de camomille est une protection efficace et odorante contre l'attaque des limaces.

D'AUTRES PARASITES AU JARDIN: **Acariens (acariens rouges sur la face inférieure des feuilles, des fruits, des fleurs, des légumes), cochenilles (faciles à combattre grâce à des auxiliaires tels que les coccinelles, les ichneumons), ériophyides (occasionnent des bourgeons difformes sur les groseilliers, de même que des fruits ne murissant pas sur les framboisiers, les mûriers, les poiriers, les vignes).**

[5.]

[6.]

[7.]

[8.]

[1.]

[2.]

[3.]

MALADIES

Ce qui affaiblit les plantes

Les plantes du jardin peuvent être affectées par différentes maladies bactériennes ou des viroses. Celui qui les reconnaît suffisamment tôt sera à même de les traiter efficacement.

CLOQUE DU PÊCHER [1.]

Aspect : Cette maladie causée par un ascomycète entraîne un gonflement et une décoloration des feuilles.
Présence : Principalement sur les feuilles des pêchers, mais aussi sur d'autres fruits à noyau. Favorisé par un temps humide.
Dégâts sur les plantes : Les jeunes feuilles gonflent en bulle, se froissent et deviennent de vert blanchâtre à rouge carmin.
Mesures préventives : Tailles d'éclaircissage fréquentes dans la zone de la couronne afin de permettre une bonne circulation de l'air.
Lutte : Enlever les feuilles infestées de bonne heure et les jeter (pas au compost car il y a un risque de réinfestation).

OÏDIUM [2.]

Aspect : Léger mycélium blanchâtre sur la face extérieure des feuilles de même que sur les bourgeons.
Présence : Carottes, concombres, pommes, groseilliers à maquereau, roses. Avant tout lors de grandes fluctuations de température, lorsqu'il fait chaud et humide au cours de la journée.
Dégâts sur les plantes : Retirent les nutriments par aspiration, ce qui conduit à un affaiblissement des plantes.
Mesures préventives : Choisir des variétés résistantes, faire attention à l'emplacement.
Lutte : Couper ou enlever les pousses et les feuilles infestées, les préparations à base de soufre aident pour les infestations de grande surface.

ROUILLE DE LA BETTERAVE [3.]

Aspect : Minuscules pustules brun-rougeâtre sur les feuilles entourées de zones claires.
Présence : Sur les feuilles des espèces de betteraves, dans les régions avec une importante humidité atmosphérique.
Dégâts sur les plantes : Lors d'une forte infestation (plutôt rare) les feuilles brunissent et peuvent ensuite mourir et tomber.
Lutte : Retirer les feuilles atteintes et les jeter.

MILDIOU ET ROUILLE [4.] ET [5.]

Aspect : Taches d'abord gris-vert, huileuses, plus tard brunâtres, se propageant rapidement sur les feuilles malades [→4]. Les fruits sont tachés de gris-vert à brun [→5].
Présence : Tomates (feuilles et fleurs).
Mesures préventives : Arroser près de la tige et assurer une protection trilatérale contre les conditions météorologiques (pas de sacs en plastique !).

Lutte : Détacher les feuilles et les mettre aux déchets, engraisser de façon ciblée. Pulvériser une décoction de prêle en mai.

SEPTORIOSE [6.]

Aspect : Ascomycète parasite qui occasionne des nécroses de différentes couleurs.
Présence : Surtout sur les feuilles des plantes concernées.
Dégâts sur les plantes : Les nécroses diminuent la substance des feuilles (font flétrir les feuilles) et ainsi leur capacité productive.
Mesures préventives : Apparaît principalement par temps humide. De ce fait, protéger si possible les plantes des précipitations.
Lutte : Enlever les feuilles infestées et les mettre aux déchets (les brûler).

BOTRYTIS

Aspect : La pourriture grise est un champignon de moisissure très répandu, avec un mycélium grisâtre brunâtre.
Présence : Souvent sur les fraises et les vignes. Souvent par temps chaud humide ou mouillé et par des températures entre 15 et 20°C.
Dégâts sur les plantes : Le parasite détruit progressivement les différentes parties de la plante (fruits, feuilles, pousses).
Mesures préventives : Plantation espacée et aérée.
Lutte : Enlever immédiatement les parties infestées et les mettre aux déchets. Décoction de prêle, macération d'ortie.
Conseil : Mettre de la paille entre les plants de fraises en fleurs est un bon moyen de capter l'humidité.

MONILIOSE

Aspect : Il s'agit de la pourriture des fruits avec deux formes différentes. Une variété de champignons blanchâtres, brunâtres avec des pustules marquées. Apparaît souvent en forme de cercles.
Présence : Surtout sur les arbres fruitiers à noyau ou à pépins, juste après la floraison.
Dégâts sur les plantes : Les feuilles peuvent se nécroser et les fruits complètement pourrir.
Mesures préventives : Elagage régulier, choisir un emplacement ensoleillé, aéré.
Lutte : Enlever les parties infectées et les mettre aux déchets. Tailler jusqu'au bois sain.

TAVELURE

Aspect : Excroissances verruqueuses. Déformations et fissures sur les fruits et tubercules.
Présence : Fréquente comme champignon sur les betteraves, les pommes de terre, les radis, les carottes. Aussi courante comme maladie bactérienne sur les arbres fruitiers. S'introduit par les racines des plantes.
Dégâts sur les plantes : Fruits qui ne viennent pas à maturité et meurent. Dans le pire des cas, la racine peut également être infestée (pourriture des racines), ce qui conduit à la nécrose de toute la plante.
Mesures préventives : Eviter la stagnation d'eau dans le sol et placer les plantes de façon espacée et aérée. Sols riches en oxygène avec un pH supérieur à 5,5. Large rotation des cultures.
Lutte : Enlever totalement les plantes atteintes.
Conseil : Il existe des variétés de pommes résistantes à la tavelure, par exemple « Retina » et « Topas ».

BREMIA

Aspect : Surface de la feuille claire, tapis grisâtre, blanchâtre sur la face inférieure des feuilles.
Présence : Assez fréquente, avant tout sur les salades, les radis, les épinards et les choux.
Dégâts sur les plantes: Elimination des nutriments, flétrissement des feuilles.
Mesures préventives : Veillez à laisser suffisamment d'espace entre les plantes, choisir des variétés résistantes.
Lutte : Enlever les pousses et feuilles infectées, les préparations à base de cuivre aident pour les attaques de grande étendue.
Conseil : Arroser les plantes à risque, seulement au pied (le matin, à mi-journée).

[4.]

[5.]

[6.]

ABEILLES

Des communautés importantes

LES ABEILLES SONT D'UN GRAND SECOURS POUR LE RÉSEAU TROPHIQUE. A TRAVERS LA POLLINISATION D'INNOMBRABLES FLEURS, ELLES CONTRIBUENT À LA PÉRENNISATION DE NOS ALIMENTS. C'EST POURQUOI NOUS DEVONS PRÉSERVER CES INSECTES FASCINANTS DANS NOTRE JARDIN, EN LES SOUTENANT DANS LEUR TRAVAIL QUOTIDIEN.

[a]

L'essentiel

[a] DES TIGES DE PLANTES BIEN SÈCHES offrent des abris aux abeilles sauvages.

[b] ON CRÉE DES NICHOIRS en perçant des cavités de différentes dimensions dans des piquets de bois durs.

[c] UN HÔTEL À INSECTES offre un cadre idéal pour différentes façons de nicher.

[b]

[c]

PROTÉGEZ LES HÔTELS À INSECTES CONTRE L'HUMIDITÉ.

DES HÔTELS À INSECTES

pour les abeilles sauvages

Afin de protéger et de favoriser dans son jardin les abeilles sauvages menacées, on peut mettre des nichoirs à leur disposition. Elles vous remercieront en pollinisant les plantes de votre jardin.

HABITAT NATUREL

Le terme d' « abeilles sauvages », regroupe toutes les espèces d'abeilles vivant en liberté dans la nature. Les abeilles à miel sont considérées comme des animaux d'élevage car elles ont été domestiquées par l'homme et n'existent plus à l'état sauvage en Europe centrale. On appelle également les abeilles sauvages des abeilles solitaires, car à la différence des abeilles domestiques, elles ne vivent pas en colonies. Habituellement, les abeilles sauvages, habitent par exemple des lieux ouverts, sableux et ensoleillés où elles font leur nid dans du bois mort, des tiges de plantes creuses, dans les fissures des rochers ou des murs ou dans une coquille d'escargot vide. Les abeilles sauvages femelles pondent des cellules de couvain dans des cavités naturelles puis approvisionnent les larves en pollen et en nectar. La plupart des reines sauvages meurent avant l'hiver, seuls les descendantes survivent sans nourriture, en tant que larves ou chrysalides.

ABRIS DANS LES TIGES DE PLANTES

On peut offrir un abri aux différentes espèces d'abeilles sauvages en utilisant des tiges de plantes creuses ou à moelle, tiges de mûrier ou de framboisier, de sureau, d'arbre à papillons, de chardon, d'églantier et de molène.
Récoltez en automne des tiges épaisses de plantes (d'un diamètre de 2 à 10 mm) et enlevez les feuilles, les pousses latérales et les inflorescences. Laissez-les bien sécher en hiver afin qu'aucune moisissure ne se développe.
A partir de mi-mars, vous pouvez lier les tiges d'environ 10 cm de long avec de la ficelle résistante ou du fil de fer et les suspendre horizontalement ou légèrement inclinées à l'air libre [→a]. Il faut toujours bien les fixer, afin que ces nichoirs ne se balancent pas. Vous pouvez également disposer les tiges dans des briques, des tuyaux en plastique ou des boites de conserve (pour bien les fixer, introduire préalablement une couche d'argile !).
Faites bien attention, à ce que le nichoir soit si possible placé dans un endroit ensoleillé, à l'abri de la pluie et du vent, et laissez-le toute l'année à l'air libre sans le bouger.

DES ABRIS EN BLOCS DE BOIS

On utilise comme matériau du bon bois dur et sec tel que du chêne, du hêtre, de l'érable ou du cerisier, de forme et de taille quelconque. Il est recommandé d'utiliser des blocs de bois de 30 cm de long et d'un diamètre minimum de 20 cm.
Percez dans les blocs de bois des trous de différentes longueurs (5 à 10 cm) et de diamètre variable (2 à 10 mm) [→b]. Pour les trous larges à partir de 4 mm de diamètre, il faut un intervalle minimum de 2 cm entre deux trous. Après avoir percé, on fait tomber la sciure de bois en tapant.
Les abris terminés peuvent, selon leur taille, être placés sur le balcon, sur la terrasse ou au jardin. Il faut également penser à choisir un emplacement ensoleillé et abrité de la pluie et du vent pour placer les nichoirs.

UNE MAISON POUR TOUT LE MONDE

Vous pouvez suspendre ou poser séparément les différents abris pour les diverses espèces d'abeilles sauvages ou bien construire une petite maison dans laquelle vous déposerez les nids [→c].]. Il est recommandé de faire une maison avec une seule ouverture sur le devant et un toit protecteur. La taille varie en fonction du nombre de nichoirs à placer.

LA FASCINATION DE L'APICULTURE

Des abeilles pour le jardin

Les abeilles effectuent une tâche indispensable, celle de polliniser un grand nombre de nos plantes. Dans les jardins et sur les toits en terrasse, nous pouvons fortement contribuer à protéger et favoriser le développement de ces insectes fortement menacés.

La transformation de nos paysages cultivés, la destruction des espaces de vie et les attaques d'acariens, ont conduit à une forte réduction des populations d'abeilles à l'échelle mondiale. Cependant, sans abeilles il n'y a pas de nourriture pour les humains car les abeilles pollinisent environ un tiers de nos plantes alimentaires. Alors, pourquoi ne pas les aider ? De plus, l'apiculture est une activité enrichissante qui offre de plus une récompense sucrée.

APICULTEURS EN VILLE

Il n'est guère surprenant que la nostalgie de la nature continue de progresser au cœur des villes et que de ce fait l'apiculture y connaisse une renaissance. L'apiculture est ainsi florissante dans de nombreuses grandes villes du monde comme Berlin, Londres, Paris, New York ou Bruxelles. En outre, la communauté citadine des apiculteurs ne cesse d'augmenter. Sur Internet, on trouve également un nombre important de blogs, de forums et de pages d'informations sur l'apiculture en ville. La nouvelle race d'abeilles, très répandue, moins agressive que les anciennes races locales y est certainement pour quelque chose. En contrepartie, elle est plus sujette aux maladies et aux parasites.

DEVENIR APICULTEUR

Apiculteur est un métier qui nécessite des connaissances professionnelles. Ces connaissances peuvent être acquises de diverses manières. Le mieux est de se rapprocher d'un apiculteur expérimenté et de l'observer. Pour cela, vous pouvez vous adresser à une association locale d'apiculture. Nous donnons ci-dessous une liste des points essentiels à respecter qui pourront être utiles aux personnes intéressées par les abeilles.

Bon à savoir

- Acquisition des abeilles : à l'inverse des abeilles sauvages, il faut acquérir les abeilles domestiques auprès d'un apiculteur. Ou alors, si vous avez beaucoup de chance, un essaim d'abeilles se pose dans votre jardin après l'essaimage. Vous pouvez le capturer en toute confiance et vous l'approprier. Pour commencer, deux à cinq essaims sont largement suffisants.
- Emplacement : les abeilles ont besoin d'un endroit adapté, un environnement dans lequel elles pourront facilement s'approvisionner en pollen, nectar ou eau. L'endroit doit être ensoleillé, assez tranquille et disposer de plantes pour l'approvisionnement des abeilles.
- Ruches : chaque essaim d'abeilles a besoin d'un habitat dans lequel il peut construire ses rayons. Les abeilles domestiques ont besoin de l'aide des amis des abeilles. Le plus courant aujourd'hui est d'utiliser un cadre carré en bois. Dans ce cadre en bois, les abeilles peuvent facilement construire leurs rayons. Dans l'apiculture biologique, les « ouvrières » peuvent construire elles-mêmes les rayons dans le cadre. Elles ne sont pas dépendantes de l'homme. Pour cette raison, l'apiculteur ne doit pas mettre des rayons artificiels à disposition. Par leur « transpiration », les abeilles produisent elles-mêmes la cire pour la construction de leurs rayons. Le miel et le pollen sont emmagasinés dans les rayons et la ponte des œufs ainsi que l'élevage des nouvelles abeilles s'y réalisent. C'est pourquoi, il ne faut pas intervenir dans ce cycle naturel de la vie.
- Récolte du miel : cela ne vaut pas la peine d'investir dans un extracteur de miel pour un ou deux essaims. On peut éventuellement en emprunter un auprès d'une association d'apiculteurs ! Outre la ruche, il s'agit de l'acquisition la plus coûteuse pour l'activité.
- Equipements de travail : ruches, vêtements de protection adéquats.
- Période : le travail principal s'effectue au printemps et en automne.

[a]

[b]

L'essentiel

[a] DES MÉLANGES DE FLEURS VARIÉES sont proposés dans le commerce. On peut aussi mélanger des semences récoltées soi-même.

[b] ON SÈME en général à la volée.

[c] LE MÉLANGE DE SEMENCES EST RÉPARTI de façon ample sur la plate-bande en ouvrant légèrement la main.

[d] ON ENFOUIT les graines à 1 ou 2 cm dans le sol. Lorsque le mélange de plantes a fleuri, on peut récolter les semences.

[c]

[d]

PRAIRIES FLEURIES

pour abeilles et Cie

Si outre la construction d'un habitat nous souhaitons aider activement les abeilles dans leur recherche de nourriture, nous devrons veiller à ce qu'il y ait toujours suffisamment de plantes fleuries au jardin.

Afin que les abeilles et d'autres insectes, particulièrement dans un jardin consacré aux plantes alimentaires, trouvent suffisamment de nectar et de pollen, il faut leur proposer des plantes adéquates. A cette fin, vous pouvez par exemple insérer des plantes fleuries directement dans les plates-bandes de légumes.

DES CADRES FLEURIS

La plantation de fleurs au bord des plates-bandes de légumes à un bel effet visuel.

Si possible veillez à choisir des plantes indigènes qui fleurissent à différents moments de l'année. Parmi elles, on trouve des fleurs à bulbes, des vivaces qui fleurissent tôt (par exemple l'alyssum), des arbustes (par exemple des noisetiers), de même que des asters et des anémones qui fleurissent tardivement. Ainsi, les auxiliaires qui puisent le nectar disposent toujours de nourriture. Utilisez principalement des plantes sans fleurs doubles. Ce sont les seules potentiellement source de nourriture. Chez les fleurs doubles, les étamines sont transformées en pétales, de telle sorte qu'elles ne contiennent ni pollen, ni nectar.

Ce sont surtout les plantes de la famille des Astéracées (*Asteraceae*) et des Apiacées (*Apiaceae*) qui fournissent des ressources aux insectes. Parmi les Astéracées, on compte par exemple les soucis (pas doubles !), les pâquerettes, les marguerites, les achillées, les bleuets et les tournesols. Les carottes sauvages, de même que de nombreuses plantes condimentaires et alimentaires, par exemple le cerfeuil, l'aneth, la livèche, le persil, la coriandre et le fenouil appartiennent à la famille des Apiacées. Les légumes tels que les carottes, les panais et le céleri, sont également de bonnes fleurs à insectes si on les laisse fleurir. Comme ils fleurissent uniquement au cours de la deuxième année de culture, ils doivent rester en place l'hiver ou bien être replantés au début du printemps comme porteurs de graines. C'est pourquoi, il est recommandé de laisser quelques exemplaires fleurir pour vos auxiliaires qui cherchent du nectar.

Dans le commerce, il existe également des semences biologiques, tout à fait indiquées pour de bonnes prairies à abeilles. Elles peuvent être semées à la fin du printemps dans un sol bien préparé.

DES ÎLOTS DE FLEURS SUR LA PELOUSE

Si vous disposez d'une grande pelouse dans le jardin, laissez des îlots de fleurs avec des pâquerettes, des marguerites, etc. Au fil du temps, vous pouvez encore ajouter d'autres plantes fleuries comme les magnifiques fleurs de sauge. Ces îlots n'offrent pas seulement un plaisir aux yeux, ils augmentent aussi le nombre de plantes fleuries de votre jardin et de ce fait la nourriture pour les insectes.

[1.]

[2.]

[3.]

DES FLEURS COMME NOURRITURE *pour les insectes*

En semant des fleurs multicolores vous fournissez de la nourriture aux abeilles et à beaucoup d'autres insectes tout au long de l'année. En échange, les abeilles contribuent à la sécurisation de nos propres aliments.

MAUVE MUSQUÉE [1.]

Malva moschata

Famille : Malvacées
Aspect : Grande plante de 20 à 80 cm.
Fleurs : De rose pâle à blanches. Les fleurs sentent faiblement le musc.
Période de floraison : De juin à octobre.
Semis : A partir d'avril en pleine terre.
Utilité : Fleurs à insectes et abeilles.

TOURNESOL [2.]

Helianthus annuus

Famille : Astéracées
Aspect : Plante annuelle atteignant 2 m. Les petites variétés de 40 à 50 cm comme le « Sunspot » sont également adaptées pour les pots et les jardinières. Fait des racines jusqu'à 2 m de profondeur.
Fleurs : Grosses fleurs rayonnantes avec un cœur vert à brun et de grands pétales jaunes. Les fleurs se tournent vers la lumière du soleil (héliotropisme).
Période de floraison : De juillet à octobre.
Semis : Semis en pleine terre d'avril à début juillet. Pour l'engrais vert, semis jusqu'à fin août, laisser ensuite reposer en hiver. Se dissémine facilement tout seul.
Utilité : Procure du nectar aux auxiliaires, de la nourriture pour les oiseaux (graines).

TRÈFLE INCARNAT [3.]

Trifolium incarnatum

Famille : Fabacées
Aspect : Plante généralement annuelle, de 20 à 50 cm. Elle pousse rapidement et possède un système racinaire étendu et forme des racines jusqu'à 90 cm de profondeur. Fixateur d'azote. Très bon engrais vert.
Fleurs : Inflorescence avec des fleurs rayonnantes rouges.
Période de floraison : De juin à août.
Semis : De mars à septembre.
Utilité : Importante source de nourriture (plante mellifère) pour les abeilles.

SOUCI OFFICINAL [4.]

Calendula officinalis

Famille : Astéracées
Aspect : Plante annuelle. Peut atteindre 60 cm. Importante plante médicinale.
Fleurs : Oranges, partiellement jaunes. Ne pas semer de variétés doubles car celles-ci n'offrent pas suffisamment de nourriture pour les insectes.
Période de floraison : De juin à octobre.
Semis : Semis en pleine terre de mars à août. Se dissémine facilement seul l'année suivante.
Utilité : Plantes nourrissantes, particulièrement pour les syrphes.

BLEUET [5.]

Centaurea

Famille : Astéracées
Aspect : Plante annuelle, de 50 à 90 cm.
Fleurs : Le plus souvent bleues. Il existe également des variétés blanches, roses, violettes.
Période de floraison : De juin à septembre.
Semis : Semis en pleine terre de mars à juin. Ou bien en septembre pour une culture l'année suivante.
Utilité : Plante à nectar, particulièrement appréciée des abeilles, car les fleurs et le nectar ont une très haute teneur en sucre. Nourriture pour les papillons.

COQUELICOT [6.]

Papaver rhoeas

Famille : Papavéracées
Aspect : Plante annuelle ou pluriannuelle ; jusqu'à 60 cm de hauteur.
Fleurs : Rouges.
Période de floraison : De mai à août.
Semis : Semis en pleine terre de mars à mai.
Utilité : Fleurs à pollen avec jusqu'à 2,6 millions de graines de pollen par fleur. Fournissent protéines, graisses et glucides. Appât et nourriture pour insectes ayant des organes buccaux broyeurs ; également pour les espèces d'abeilles sauvages. La plante donne beaucoup de graines.

BUDDLEIA DE DAVID

Buddleja davidii

Famille : Fabacées
Aspect : Arbuste droit, qui pousse rapidement. Hauteur et largeur de 2 à 3 m. Au printemps, tailler à hauteur du genou, afin que l'arbuste repousse bien touffu.
Fleurs : Bleues, violettes, également blanches.
Période de floraison : De juillet à septembre.
Utilité : Attire les insectes, en particulier les papillons. Source importante de nectar pour les abeilles et les bourdons.

ARBRES ET ARBUSTES POUR LES PAPILLONS ET LEURS CHENILLES: Troène (période de floraison de juin à septembre), prunelle (période de floraison d'avril à mai), groseillier (période de floraison en mai), saule marsault (floraison de mars à mai).

HERBACÉES ET VIVACES SAUVAGES : Anthémis des teinturiers (période de floraison de juin à septembre), anthyllide (période de floraison de mai à août), buphtalme à feuilles de saule (période de floraison de juin à août), cardamine des prés (floraison d'avril à juin), carotte sauvage (floraison de juin à septembre), centaurée (floraison de juin à septembre), lotier (mai à août), oseille (mai à août), ortie (juin à septembre), molène (juillet à septembre), origan (juillet à septembre), onagre (juin à septembre), caille-lait blanc (mai à septembre), épervière (juin à septembre).

PLANTES À POLLEN ET NECTAR AU PRINTEMPS : Perce-neige, crocus, narcisse, scille.

PLANTES À BOURDONS : Gentiane, dauphinelle, digitale, lupin.

[4.]

[5.]

[6.]

LE PRINTEMPS

au jardin biodynamique

LA NATURE SUIT LE RYTHME DES SAISONS. LE TRAVAIL DU JARDIN NOUS PERMET D'EN PRENDRE PROFONDÉMENT CONSCIENCE ET DE LE RESSENTIR. EN NOUS LAISSANT GUIDER PAR CE RYTHME, NOUS POUVONS SENTIR QUAND NOTRE JARDIN A BESOIN DE SOINS. JE VOUS INVITE À COMMENCER LE JARDINAGE PRINTANIER AVEC SES NOMBREUSES JOIES ET TÂCHES.

[a]

[b]

L'essentiel

[a] TOUT D'ABORD, l' herbe doit être enlevée.

[b] DANS UN SECOND TEMPS, on ameublit le sol en profondeur. Pour un châssis de jardin simple, on peut d'ores et déjà mettre en place le cadre en bois sur la surface.

[c] AVANT LA PLANTATION, un apport conséquent en compost mûr est fortement recommandé.

[d] L'AÉRATION, c'est-à-dire l'ouverture de la fenêtre, doit absolument avoir lieu régulièrement par temps ensoleillé. Les différents crans dans le manche, permettent d'ouvrir à différentes hauteurs.

[c]

[d]

METTRE EN PLACE UN CHÂSSIS DE JARDIN

Des "pieds chauds" pour les jeunes plantes

Le châssis est utile pour tout jardin. On peut y cultiver des plantes précoces et sensibles au froid. Ainsi, la saison de jardinage en plein air peut commencer dès février.

Le châssis de jardin doit être mis en place dans l'endroit le plus ensoleillé du jardin. Faites bien attention lors de la disposition du cadre en biais, à ce que le côté le plus profond soit au sud. Ainsi, les premiers rayons du soleil pourront rapidement réchauffer la caisse. Dès février, on peut semer aussi bien les radis que le cresson.

MATÉRIEL

Pour ceux qui souhaitent construire eux-mêmes leur châssis de jardin, il est conseillé d'utiliser des planches de pin ou d'épicéa, ainsi qu'un carré (quatre morceaux), qui émerge suffisamment du sol, pour que les planches puissent être fixées. Le cadre en bois d'un châssis de jardin simple, peut par exemple être de 150 cm de largeur, 100 cm de longueur et 35 cm de profondeur (à l'avant) et 50 cm de profondeur (à l'arrière). Cependant, les dimensions dépendent aussi de la taille des fenêtres dont vous disposez pour la couverture. En outre, pour l'aération, il faut aussi des cales en bois solides. Pour une isolation supplémentaire en cas de nuits froides, il faut prévoir du papier à bulles, un tapis de roseaux ou de paille ou du jute. Comme matériel de remplissage, on peut se servir de fumier de cheval et de feuilles mortes. Approvisionnez-vous en fumier de cheval, de préférence auprès d'un agriculteur biologique.
Dans le commerce, vous pouvez également acheter des châssis mobiles, que vous pourrez placer où vous le souhaitez, selon vos besoins. Lorsque les températures le permettent, les cadres peuvent ainsi être facilement enlevés et les plantes n'ont pas à être repiquées.

EN HIVER, LE CHÂSSIS peut être utilisé pour le stockage de légumes-racine (voir p. 168). On peut aussi y semer et récolter des cultures d'hiver telles que la mâche.

UN CHÂSSIS CHAUD

Pour la mise en place d'un châssis de jardin traditionnel, on détermine d'abord la surface prévue et on y enlève l'herbe le cas échéant. Ensuite on creuse un trou d'environ 40 cm et on le remplit de fumier de cheval (en cas de présence de campagnols, placer sur le fond du trou un grillage, disponible dans le commerce). Le fumier de cheval doit être bien mouillé et tassé afin que les micro-organismes puissent être actifs. Après le fumier de cheval, on ajoute uniquement une fine couche de feuilles d'environ 5 cm d'épaisseur. Ensuite, la troisième couche, d'une épaisseur de 20 à 50 cm, se compose de terre du jardin. Après, il faut arroser une nouvelle fois.
Laissez au châssis mis en place quelques jours afin que la chaleur de la décomposition du fumier de cheval puisse se développer et que les semis ou les plants puissent immédiatement bénéficier de la chaleur.

SOINS

Durant les nuits froides, vous protégerez le châssis de façon supplémentaire avec un revêtement (voir matériel). Lorsque la température extérieure commence lentement à augmenter, il faut veiller à aérer tous les jours. Grâce à l'aération, les jeunes plantes durcissent progressivement et une accumulation de chaleur est évitée lors de forts rayonnements du soleil. Si ceux-ci sont trop puissants, la fenêtre doit être recouverte avec du jute afin d'éviter que les feuilles tendres des plantes ne soient brûlées par le soleil.

PRINTEMPS AU JARDIN

Bien soutenir nos plantes

Le printemps est placé sous le signe des semis et de la plantation. Tout commence à pousser et à croître. Par des soins appropriés et une bonne préparation nous soutenons nos plantes au début d'une nouvelle période de végétation.

Nous pouvons commencer la nouvelle saison de jardinage fin février, début mars. C'est le moment de reprendre la préparation du sol, les semis, les plantations. Au printemps, les jardiniers doivent effectuer un travail important afin que les plantes reçoivent de bonnes bases de départ pour la nouvelle période de végétation. Sur cette double page nous vous proposons un aperçu rapide sur les travaux à effectuer au printemps au jardin.

TRAVAUX GÉNÉRAUX

- La règle essentielle au printemps est la suivante : il faut toujours regarder si le sol est suffisamment sec. Si l'on ne prend pas cette donnée en considération, le sol ne pourra pas s'en remettre pendant le reste de la période de végétation.
- Au printemps, il faut épandre et légèrement incorporer suffisamment de compost pour la fabrication d'humus.
- Progressivement enlever et enfouir les engrais verts afin que de nouvelles cultures puissent être semées dans le sol vivifié, voir p. 89.
- Mesures contre les adventices : faire attention aux adventices qui germent et désherber à un stade précoce. Effectuer également un binage peu profond sur les surfaces nues pour empêcher aussi les adventices d'y germer, voir p. 99. Il peut également être utile de recouvrir les grandes surfaces de plates-bandes avec des voiles non tissés (disponibles dans le commerce). Après un bon travail du sol, on les tend au-dessus de la plate-bande (bien les fixer avec des sacs de sable, des pierres, de la terre ou quelque chose de similaire !), puis on les perce en croix à intervalles correspondants avec un cutter, pour y repiquer les plants. La bâche étouffe la germination des adventices, ce qui évite la concurrence pour l'eau et les nutriments.
- Repérer les endroits où il y a des limaces, s'il y a un risque ou pas. Toujours rechercher et enlever les escargots sur les plates-bandes (particulièrement par temps de pluie).
- Epandre un produit phyto-stimulant, voir p. 113.
- Prévoir une bonne couche de mulch et butter les cultures basses (telles que les pommes de terre et les roses), voir p. 105.
- Effectuer une analyse du sol pour combler tout manque de nutriments et prendre d'éventuelles mesures d'amélioration du sol (compost, engrais verts, purin).

POTAGER

- Travail du sol spécifique selon les cultures : pour les légumes-racine, effectuer un travail du sol en profondeur avec des outils non-rotatifs, voir p. 51 et 99.
- Semer les cultures d'hiver à partir de mai (mâche, chicorée, chou vert, épinards, panais). Après la Saint-Jean (24 juin), on peut mettre d'autres cultures d'hiver sur les plates-bandes comme le chou chinois et la chicorée pain de sucre. Pour le forçage de la chicorée en hiver, veiller à garder un intervalle suffisant de 30 cm entre les rangs. Les semis sur les rangs doivent être très espacés.
- Produire les plants des légumes qui aiment la chaleur tels que les poivrons, les tomates, les aubergines et les concombres dans la maison et puis les repiquer sous châssis à la fin du printemps.
- Mettre des filets de protection contre les parasites : par exemple une bâche sur les choux contre les altises. Celles-ci deviennent actives dès qu'il fait un peu chaud.
- Pour accroître sa précocité, on peut recouvrir la rhubarbe d'un seau sous climat rude.

VERGER

- Les arbres fruitiers sont taillés au début du printemps.
- Vérifier les tuteurs et les attaches des jeunes arbres, si vous les taillez.
- La plantation des arbres fruitiers est encore possible au printemps.
- Lutter contre les pucerons avec une infusion de tanaisie commune (faire macérer 400 g de tanaisie commune fraîche dans 10 l d'eau pendant 24 heures, filtrer et ap-

pliquer diluée à 1 pour 10 (voir fabrication de macération p. 111).
- Entretien des petits fruits : attacher les framboisiers et enlever les branches faibles.
- Pulvériser un fortifiant pour les plantes.

JARDIN D'ORNEMENT

- Sortir les plantes à tubercule, telles que les cannas et les dahlias, de leur stockage et les replanter.
- Tailler les arbustes qui fleurissent en été.
- Planter les bulbes de fleurs.
- Diviser les plantes vivaces.
- Butter les rosiers.
- Bien rabattre les arbres aux papillons (environ 30 à 50 cm au-dessus du sol).
- Enlever la protection d'hiver sur les plantes vivaces, les rosiers et les haies.
- Aérer la pelouse et tondre pour la première fois.
- A la fin du printemps, commencer à apporter de l'engrais aux plantes en pots et les mettre en plein air dans un endroit protégé.

CULTURE DES PLANTS SUR LES PLATES-BANDES DE LÉGUMES

Les semis et la plantation font partie des plus belles tâches au printemps. Les pages 138 et 139 présentent une vue d'ensemble des principales cultures de légumes. En un coup d'œil, vous pouvez voir quel est le bon moment pour semer, planter et récolter, ainsi que l'intervalle entre les plantes très important au jardin biologique pour prévenir les maladies et les parasites.

ASTUCES POUR LIMITER LES LIMACES AU PRINTEMPS

Au printemps, il n'y a pas seulement les jardiniers et les plantes qui s'activent. Les limaces apprécient aussi la venue du printemps avec l'arrivée massive de feuilles vert tendre. Si vous voulez voir diminuer les limaces de façon naturelle, pensez à utiliser régulièrement votre compost, soigneusement préparé (voir p. 73), dès le début du printemps. Cela harmonise les processus du sol et l'augmentation de la teneur en humus dans le sol fait reculer lentement mais durablement l'invasion des limaces.

Pour moi, le meilleur moyen de réguler les limaces, issu de la méthode biodynamique, est l'utilisation de la silice de corne. On la pulvérise le matin d'un jour-fleur ou d'un jour-fruit, directement sur le sol. Ce traitement augmente l'intensité de la lumière sur le sol. En général, les limaces n'aiment pas cela et elles évitent la surface pour un certain temps. En cas d'invasion aiguë de limaces, l'utilisation de silice de corne devra être répétée en jour-fleur. A côté du ramassage, ces deux mesures offrent de bonnes conditions pour obtenir des plantes résistantes et prolifiques. Il n'existe pas encore de garantie absolue pour une croissance sans parasites !

UN APERÇU SUR LES LÉGUMES: SEMER, PLANTER, RÉCOLTER

Espèces de A à Z	Type de multiplication	Multiplication végétative	Durée de levée (jours)	Espacement entre rangs/sur rang	Période de semis, de plantation, de récolte	Période de floraison	Maturité de la graine (mois)	Durée de vie
Ail	Bulbille	non	–	25 ×12	Plantation: mars et sept. à fin octobre Récolte: juin à octobre	Juin – août	–	annuelle
Artichaut	Semis	oui	8 –12	100 × 100	Semis sous abri: début février à fin avril Plantation: mi-mai à mi-juin Récolte: juillet à fin septembre	Juil. – sept.	Octobre	annuelle / vivace
Aubergine	Semis	oui	6 – 8	50 × 50	Semis sous abri: début décembre à mi-février Semis: mars /avril Plantation: mi-mai à mi-juin Récolte: début août à fin septembre	Juil. /août	Octobre	annuelle
Bette	Semis	possible	8 – 10	30 × 15	Semis sous abri: début mars à fin avril Semis: mars à juin et mi-septembre à fin octobre pour le printemps Plantation: mai à mi-juin Récolte: mi-juillet à fin novembre	Juin – sept.	Septembre	bisannuelle
Betterave	Semis	non	10 – 15	30 ×10	Semis: fin mars à début mai Récolte: juillet à octobre	Juin – sept.	Octobre	bisannuelle
Brocoli	Semis	oui	4 – 6	40 × 50	Semis sous abri: fin février à fin mars Semis: mi-avril à fin juin Plantation: début avril à mi-juillet Récolte: mi-juillet à fin octobre	Juin – oct.	Octobre	annuelle (bisannuelle)
Carotte	Semis	non	21 – 28	25 × 3	Semis: mars à mai Récolte: fin juin à mi-novembre	Juin / juil.	Septembre	bisannuelle
Céleri	Semis	possible	15	40 × 50	Semis sous abri: février à mi-avril Semis: mars et avril Plantation: mai à juin Récolte: mi-août à fin novembre	Juin – oct.	Octobre	bisannuelle
Chou chinois	Semis	possible	4 – 6	30 × 30	Semis sous abri: juin Plantation: juillet à mi-août Semis: juillet à mi-août Récolte: septembre à décembre	Juil – sept.	Octobre	annuelle (bisannuelle)
Chou de Bruxelles	Semis	déconseillé	4 – 5	65 × 30	Semis sous abri: mars Semis: mi-mars à fin avril Pantation: avril et mai Récolte: novembre à février	Juil. / août	Octobre	bisannuelle
Chou-fleur	Semis	oui	4 – 6	50 × 60	Semis: fin février à fin avril et fin mars à mi-juillet Plantation: Début mai à mi-août Récolte: fin juin à mi-novembre	Juil. – sept.	Octobre	bisannuelle
Chou-rave	Semis	possible	8 –10	35 × 40	Semis sous abri: mars Semis: avril à mi-juin Plantation: mi-avril à mi-juin Récolte: mi-juillet à fin octobre	Juin /juil.	Août	bisannuelle
Chou rouge	Semis	oui	5 – 6	50 × 60	Semis sous abri: mars et avril Semis: mi-mars à mi-mai Plantation: mai et juin Récolte: août à mi-novembre	Juin / juil.	Août	bisannuelle
Chou vert	Semis	possible	4 –5	40 × 45	Semis sous abri: mi-avril à fin mai Semis: mai à mi-juin Plantation: mi-juin à mi-août Récolte: mi-octobre à mi-mars	Juin – sept.	Août	bisannuelle
Concombre	Semis	possible	4 –8	40 × 60	Semis sous abri: mars à fin avril Semis: mi-avril à fin mai Plantation: mai à mi-juin Récolte: début juillet à mi-septembre	Juin – août	Septembre	annuelle

Espèces de A à Z	Type de multiplication	Multiplication végétative	Durée de levée (jours)	Espacement entre rangs/sur rang	Période de semis, de plantation, de récolte	Période de floraison	Maturité de la graine (mois)	Durée de vie
Courgette	Semis	possible	5 – 8	60 × 80	Semis sous abri: mars à début avril Semis: avril et mai Plantation: mai à mi-juin Récolte: juillet à mi-octobre	Juin – sept.	Septembre	annuelle
Cresson	Semis	non	2	Semis larges	Semis: toute l'année Récolte: toute l'année	A partir de mai	Août	annuelle
Epinard	Semis	non	8 – 14	20 × 25	Semis: mars à mi-avril et mi-septembre à mi-octobre Récolte: mi-mai à fin juin et octobre à mi-novembre	Mai /juin	Juillet	annuelle
Fenouil	Semis	possible	12 – 16	50 × 20	Semis sous abri: mi-mars à fin avril Semis: mai et mi-juillet à mi-août Plantation: mi-mai à fin juillet Récolte: début août à mi-octobre	Juin – oct.	Octobre	annuelle
Haricot	Semis	non	8 – 14	40 × 15 nains 100 × 40 rames	Semis: fin avril à fin juin Récolte: mi-juillet à mi-octobre	Juil. – sept.	Septembre	annuelle
Mâche	Semis	non	15 – 25	15 × 20	Semis: août et septembre Récolte: mi-novembre à fin mars	Avril /mai	Juillet	annuelle (bisannuelle)
Oignon	Semis	possible	14 –21	30 ×10	Semis sous abri: mi-février à mi-mars Semis: mars et avril Plantation: mi-mars à fin avril Récolte: août et septembre	Juin/juil.	Septembre	bisannuelle
Panais	Semis	non	21 – 28	30 × 10	Semis: mi-mars à fin mai Récolte: septembre à mi-novembre	Juil. /août	Octobre	bisannuelle
Poireau	Semis	possible	14 – 16	20 × 25	Semis sous abri: mars Semis: avril à mai Plantation: juin à juillet Récolte: fin septembre à fin mars	Juin /juil.	Octobre	bisannuelle
Pois	Semis	non	8 –12	40 × 3	Semis: mars et avril	Mai /juin	Août	annuelle
Poivron	Semis	oui	8 – 12	50 × 40	Semis sous abri: janvier à mi-avril Plantation: mai et juin Récolte: mi-juillet à fin octobre	Juin – août	Octobre	annuelle
Pomme de terre	Plants	–	–	60 × 30	Plantation: avril à mi-mai Récolte: août à mi-octobre	–	–	annuelle
Radis (noir)	Semis	non	14 – 21	25 ×10	Semis: mars à août Récolte: mi-mai à fin octobre	Juin – août	Septembre	annuelle
Radis (rose)	Semis	non	8 – 14	12 ×5	Semis: mars à mi-août Récolte: mi-avril à mi-octobre	Juin – août	Septembre	annuelle
Rhubarbe	Semis/divison	déconseillée	–	Plante isolée	Plantation: mars à mi-avril	–	–	vivace
Salade (laitue)	Semis	oui	6 – 10	30 × 30	Semis sous abri: mi-janvier à mi-mars Semis: avril /mai Plantation: mi-avril à mi-juillet Récolte: mi-mai à fin septembre	Juil. –sept.	Septembre	annuelle
Salsifis	Semis	non	15 – 20	25 × 5	Semis: mars à avril Récolte: mi-septembre à mars	Juin – sept.	Août	vivace
Tomate	Semis	oui	6 – 8	60 × 50	Semis sous abri: mars à mi-avril Semis: avril Plantation: mai et juin Récolte: mi-juillet à mi-octobre	Juil. -oct.	Octobre	annuelle

[1.]

[2.]

[3.]

LES PREMIERS LÉGUMES *du jardin*

Il existe des légumes qui ont une période de culture très courte et qui, de ce fait mûrissent très vite. Sur ces deux pages, nous avons rassemblé pour vous les premiers légumes printaniers.

POIREAU [1.]

Allium porrum

Variétés : Selon la période de récolte : poireau d'été, d'automne ou d'hiver. Les variétés avec des feuilles bleues ("bleu-vert d'hiver") résistent bien au gel.
Appartenance : Plante-feuille.
Aspect : Plante bisannuelle herbacée, atteignant 60 cm ; inflorescence sphérique, feuilles linéaires lancéolées.
Semis : Semis en mars/avril et repiquage dans les plates-bandes en juin/juillet. Poireau d'hiver jusqu'en août. Récolte au cours de l'hiver. Veiller à avoir un écart suffisant entre les plantes (de 20 à 25 cm), maintenir bien humide et ameublir le sol en permanence.
Composants : Potassium, magnésium, vitamine C, vitamine K, acide folique.
Récolte : Dépend de la variété. Toute l'année.
Partie récoltée : Feuilles. Raccourcir pour une meilleure conservation.
Utilisation : De préférence comme un légume d'hiver, mais aussi en tant que condiment (poireau d'été).

CHOU-RAVE [2.]

Brassica oleracea var. *gongylodes*

Variétés : Variétés de printemps, d'été, d'automne avec des tubercules vert-pâle (« blancs ») et de bleus à rouge-violet.
Aspect : Plante bisannuelle, herbacée, avec des feuilles frisées. Légumes issus du renflement de la tige.
Appartenance : Plante-feuille.
Semis : En pleine terre d'avril à mi-juin avec des intervalles de 35 cm entre les rangs et de 40 cm sur le rang. Lors du repiquage direct sur la plate-bande (la culture des plants est possible à partir de mars sous abri), ne pas mettre les petites plantes trop en profondeur !
Composants : Potassium, vitamine C.
Récolte : De juillet à octobre. Afin que les tubercules puissent mûrir de façon appropriée, la température ne doit être ni trop haute, ni trop basse (l'idéal est d'environ 15 °C).
Partie récoltée : Tige renflée. Ne pas les laisser grossir car le goût s'amoindrit. Les feuilles contiennent beaucoup de provitamine A.
Utilisation : Cru ou cuit comme légume d'accompagnement ou en salade.

SALADE [3.]

Lactuca sativa

Variétés : Laitue, laitue cultivée, salade romaine, laitue iceberg. Grande diversité de variétés.

Appartenance : Plante-feuille.

Semis : Toutes les salades peuvent déjà être semées à partir de fin février sous serre ou sous châssis. En pleine terre, les semis de laitue cultivée se font dès que le sol est ouvert. Les plants peuvent être repiqués en pleine terre à un intervalle de 30 x 30 cm, à partir de début avril. Pas trop en profondeur! Veillez à un arrosage régulier et à ce que le sol ne contienne pas d'adventices. Peuvent être cultivées dans des bacs plats sur le balcon ou la terrasse. Si besoin, on peut effectuer des semis successifs, en petites quantités.

Récolte : Entre 35 à 60 jours après la plantation, à partir de mai.

Partie récoltée : Feuilles individuelles ou la tête entière (sans les racines).

Utilisation : Eventail de salades variées, également avec des herbes sauvages.

RADIS [4.]

Raphanus sativus var. *sativus*

Aspect : Brassicacées avec des petites racines effilées et de délicates fleurs roses ; environ 20 cm de hauteur. Il existe des variétés à racines rondes, longues, rouges, blanches.

Appartenance : Plante-racine.

Semis : Variétés précoces à partir de février sous un voile de protection. Les variétés d'été de fin mars à mi-août en rangs sur les plates-bandes. Espacement entre les rangs d'environ 12 cm, sur le rang de 5 à 8 cm. Ameublir le sol régulièrement. Est bien adapté comme semis d'intervalle.

Composants : Riches en glucides, potassium, phosphore, calcium.

Récolte : D'avril à octobre.

Partie récoltée : Tubercules, les feuilles jeunes.

Utilisation : Idéal pour la consommation fraîche, ingrédient épicé pour de nombreux plats, également sous forme de salade et d'épinard.

SALSIFIS [5.]

Scorzonera hispanica

Aspect : Plante vivace herbacée dont les racines peuvent atteindre 40 cm. Fleurs jaunes en capitules; jusqu'à 120 cm.

Appartenance : Plante-racine.

Semis : Peuvent être semés directement sur plates-bandes de mars à avril. Espace entre les rangs 25 cm. Espace entre les plantes 5 cm. Doivent régulièrement être maintenus humides. Bien ameublir le sol et engraisser occasionnellement (potassium).

Composants : Potassium, phosphore, fer, inuline.

Récolte : De septembre à mars.

Partie récoltée : La récolte commence lorsque les fleurs flétrissent. Ameublir tout autour et retirer la racine avec précaution afin que celle-ci ne se brise pas.

Utilisation : Savoureux légume d'hiver. Consommable cru, à l'étuvée et cuit (toujours pelé).

RHUBARBE [6.]

Rheum rhabarbarum

Variétés : Prendre de préférence les variétés avec des pétioles rouges car celles qui ont des pétioles verts sont acides.

Aspect : Légume-tige vivace avec des feuilles rougeâtres en forme de rosette typique.

Appartenance : Plante-feuille.

Semis : Repiquage individuel du printemps à septembre. Diviser les anciennes plantes ou acheter des plants. Multiplication par semis difficile. Bien maintenir l'humidité et bien fertiliser après la récolte pour apporter des nutriments.

Composants : Potassium, calcium, phosphore, vitamine C, provitamine A.

Récolte : Mai. Dernière récolte début juin, car la teneur en acide oxalique augmente.

Partie récoltée: Pétioles sans les feuilles ; peler si besoin.

Utilisation : Appréciée pour le jus aigre-doux, cuite, en compote et dans les tartes.

[4.]

[5.]

[6.]

[a]

L'essentiel

[a] ON COUPE les pointes des pousses avec trois à cinq feuilles...

[b] ... ET ON LES MET en terre. Pour la menthe, comme sur la photo ci-contre, l'enracinement a lieu au bout de 14 jours.

[c] DES MORCEAUX DE RHIZOMES donnent encore souvent de meilleurs résultats pour la multiplication.

[d] DES STOLONS INDIVIDUELS sont séparés de la plante-mère...

[e] ... ET PLANTÉS dans des petits pots. Chaque pousse individuelle contient les propriétés de la plante-mère.

[b]

[c]

[d]

[e]

MULTIPLIER LES BOUTURES

Cultiver de nouvelles plantes

Le printemps n'est pas seulement la période des semis. Il est aussi possible de bouturer à partir des plantes-mères de nouvelles plantules, qui donneront des plantes vigoureuses au cours de l'année.

Certaines plantes sont obtenues plus facilement et plus rapidement à partir de boutures qu'à partir de graines. Avec cette multiplication, dite végétative, les plantes de la génération suivante gardent intégralement les propriétés de la plante-mère.

BOUTURES, DE LA TÊTE AUX RACINES

On différencie généralement les boutures de tête, de feuille et de racine. Toutes les boutures sont prises sur une plante-mère en bonne santé, à partir du printemps, et doivent posséder au minimum deux paires de feuilles complètement développées. Pour des plantes telles que la menthe, l'estragon, la sauge, la verveine, la véronique, la lavande, le coléus, le phlox, l'œillet, les boutures de tête sont prélevées, avec l'extrémité de la pousse (la tête) plus deux paires de feuilles. Les simples boutures de feuilles peuvent être effectuées avec un minimum de deux paires de feuilles pour celles de bégonia, de saintpaulia et de plante succulente.
Les boutures de racines sont faites à partir de plantes qui forment des racines souterraines, par exemple la menthe. Pour les plantes qui forment des stolons sur le sol, telles que les fraises, les plantules peuvent facilement être détachées à l'aide d'un couteau aiguisé puis repiquées, car en général elles ont déjà formé quelques racines.

PRÉLEVER LES BOUTURES DE TÊTE

On coupe les pointes de pousses d'une plante-mère d'une longueur de 4 à 5 cm, environ 1 cm sous la naissance d'une feuille. La bouture doit avoir entre trois et cinq paires de feuilles ; on retire la rangée de feuilles inférieure **[→a]**. Ensuite, selon la taille des pots, on met environ quatre boutures dans chaque pot d'environ 8 cm de diamètre, rempli de terreau **[→b]**. Puis les boutures, seront dans la mesure du possible recouvertes d'une bâche pour éviter les pertes en humidité (qu'il faut vérifier régulièrement). Les boutures ont besoin d'humidité, mais cependant pas d'engorgement. C'est pourquoi, il faut arroser peu et avec précaution. Vérifiez toujours si des racines se sont formées. Dès que le pot contenant les boutures est plein de racines, transplantez les plantes dans un pot plus grand ou au jardin.
Vous pouvez également mettre les boutures dans un verre rempli d'eau. De nombreuses plantes, telles que les tomates, les coquerets du Pérou, les coléus et les impatientes, forment aussi des racines de cette façon.

RÉALISER SOI-MÊME DES BOUTURES DE RACINES

La menthe, la mélisse citronnelle et le phlox peuvent être multipliés par boutures de racines, car ces plantes sont très actives au niveau des racines et forment des ramifications souterraines **[→c]**. Elles ont même souvent tendance à proliférer ! Ensuite, les nouvelles parties de plantes vertes se forment à partir de la racine.
Pour faire des boutures de racines, on sectionne un rhizome de la plante **[→d]**. Les parties sur lesquelles des pousses individuelles se sont déjà formées sont les plus adaptées. Ces parties de racines sont ensuite coupées et mises dans un pot avec du terreau de semis **[→e]**. Il faut ensuite bien arroser.
Une fois que les boutures de rhizome ont rejeté, c'est-à-dire que des parties vertes se sont formées au-dessus de la terre, on les repique dans des pots plus grands ou directement à l'extérieur.

LA PLANCHE DE PLANTES CONDIMENTAIRES

De bons soins dès le départ

Pour bien entamer la saison des plantes condimentaires, ces plantes qui aiment la chaleur ont besoin de notre attention dès le début. Si elles sont installées au bon endroit, leur entretien ne pose généralement pas de problème.

PROTECTION DES PLANTES CONDIMENTAIRES CONTRE LE GEL

Au printemps, certaines plantes condimentaires doivent encore être protégées contre les gelées tardives, dans la mesure où elles ne sont pas en pot, dans un endroit abrité, comme le romarin et l'estragon français. En revanche, l'estragon russe et l'estragon commun sont résistants au froid. Ils ont cependant moins d'arôme que l'estragon français.

Au tout début du printemps, gardez la protection d'hiver (feuillage, branchages, bâche) sur les plantes et habituez progressivement ces plantes qui aiment la chaleur aux températures du printemps. La verveine a absolument besoin d'une bonne protection contre le gel, si elle ne passe pas l'hiver à l'abri du gel dans un bac, protégé du froid. A la fin du printemps, enlevez les parties gelées sur les plantes comme la sauge, la lavande et le romarin. Les plantes condimentaires repoussent fortement après la taille en vert. Pour les plantes qui se rétractent complètement dans le sol au cours de l'hiver (ciboulette, livèche, estragon), vérifiez en mars si les premières pousses sont visibles ou si la plante n'a pas résisté l'hiver, c'est-à-dire qu'elle a gelé, raison pour laquelle aucune jeune pousse n'est visible.

PRÉPARER LE SOL

Au début du printemps, préparez le sol pour vos plantes condimentaires. Renouvelez la couche de mulch après avoir ameubli le sol à la bêche et y avoir introduit un peu de bon compost mûr. Ainsi, vous offrez aux plantes résistantes au froid de bonnes conditions pour la prochaine période de croissance.

DIVISER LES PLANTES CONDIMENTAIRES

Les plantes aromatiques qui prolifèrent un peu ou beaucoup, telles la mélisse et la menthe, peuvent être divisées au printemps (ou en automne) et être multipliées. Pour cela, la plante est retirée avec la motte et divisée à l'aide d'une bêche ou d'un couteau. Les parties divisées récupèrent vite et se développent ensuite sur les plates-bandes dès qu'elles sont plantées et arrosées.

PRODUIRE SES PROPRES PLANTS

Si vous souhaitez semer vous-même, par exemple du persil, de la ciboulette ou du basilic, vous pouvez commencer les semis à partir de février, à un emplacement très lumineux dans une serre ou sous abri. Repiquez les plants, lorsqu'ils ont un peu grandi, c'est-à-dire, en règle générale lorsque trois vraies feuilles de la plante apparaissent et mettez-les à partir de mai à l'extérieur. Si vous souhaitez effectuer les semis directement en pleine terre, il est également recommandé d'attendre mai. Pour vos plantes condimentaires, veillez à un espace suffisant entre les rangs. Vous trouverez ces informations et d'autres données importantes pour la culture sur le tableau ci-contre.

SEMIS POUR LES PLANTES CONDIMENTAIRES

Nom commun	Nom latin	Période de semis	Profondeur de semis	Espacement entre rangs / sur rang en cm	Durée de vie
Aneth	*Anethum graveolens*	en pleine terre d'avril à juin	2 – 3	30 × 5 à 10	annuelle
Basilic	*Ocimum* ssp.	sous abri dès fév., en plein terre à partir de mai	0,3 – 0,5	30 × 25 à 40 × 25	annuelle
Bourrache	*Borago officinalis*	avril à juin	0,5 – 1	30 × 30 30 × 40	annuelle
Carvi	*Carum carvi*	sous abri à partir de mars, sinon d'avril à juin	1 – 2	30 × 10	annuelle
Cerfeuil	*Anthriscus cerefolium*	mars à juin	en surface	30 × 5 à 10	annuelle
Chrysanthème à couronne	*Chrysanthemum coronarium*	toute l'année, en place à partir d'avril	en surface	30 × 25	
Ciboulette	*Allium schoenoprasum*	sous abri dès fév., en pleine terre de mars à juil.	2 – 2,5	30 × 25	vivace
Coriandre	*Coriandrum sativum*	de mars à avril	1 – 2	30 × 10	annuelle
Cresson de jardin	*Barbaraea praecox*	juillet à septembre	en surface	30 × 5 à 10	bisannuel.
Fenouil commun	*Foeniculum vulgare*	de mars à avril	1 – 2	30 × 25	annuelle, bisannuel.
Hysope	*Hyssopus officinalis*	sous abri dès mi-mars	en surface	30 × 25	vivace
Lavande	*Lavandula officinalis*	sous abri dès février	en surface	30 × 25	vivace
Livèche	*Levisticum officinale*	sous abri dès mars	1 – 2	40 × 50	vivace
Marjolaine	*Origanum majorana*	avril à mai	en surface	30 × 25	annuelle
Mélisse	*Melissa officinalis*	sous abri dès mi-mars	en surface	30 × 25 à 40 × 25	vivace
Nigelle cultivée	*Nigella sativa*	à partir de fin avril	1	30 × 25	annuelle
Origan, marjolaine sauvage	*Origanum vulgare*	sous abri dès février	en surface	30 × 25	vivace
Oseille	*Rumex acetos*	sous abri dès début avril	0 – 5	30 × 25	vivace
Pimprenelle	*Sanguisorba minor*	à partir de mars	1	30 × 25	vivace
Sarriette	*Satureja hortensis*	d'avril à juillet	en surface	30 × 25	annuelle
Sarriette des montagnes	*Satureja montana*	recommandé sous abri dès mars	en surface	30 × 25	vivace
Sauge	*Salvia officinalis*	sous abri dès mars	1,5	30 × 25	vivace
Thym	*Thymus vulgaris*	sous abri dès mi-mars	en surface	30 × 25	vivace

[1.]

[2.]

[3.]

PLANTES CONDIMENTAIRES

Des feuilles et des fleurs fraîches

Les premières plantes aromatiques ne se font pas attendre au printemps. Elles donnent à nos salades une note fraîche et florale.

ASPÉRULE ODORANTE [1.]

Galium odoratum
Famille : Rubiacées
Appartenance : Plante-feuille.
Emplacement/sol : Idéalement dans des endroits ombragés sous des arbres à feuilles caduques. Le sol doit être bien humide et riche en humus.
Semis : Semis en pleine terre, dépressage au printemps ou en automne. Multiplication par division ou par les rhizomes.
Soins : Apporter du mulch, arroser en cas de sécheresse, apporter occasionnellement du compost.
Récolte : Mai/juin. Récolter les feuilles au moment de la floraison et les sécher légèrement avant utilisation.
Spécificité : Du fait de sa relative haute teneur en coumarine, en consommer avec modération.

AIL DES OURS [2.]

Allium ursinum
Famille : Alliacées
Appartenance : Plante-feuille.
Emplacement/sol: Endroit semi-ombragé, de préférence à l'ombre d'un arbre à feuilles caduques. Sol frais à humide, humique et riche.
Semis : Planter de préférence les bulbes achetés en automne, puis mettre les plants en terre au début du printemps.
Soins : Peu exigeant et se propage bien lorsque l'emplacement est adapté. Si besoin limiter le développement (couper à la bêche).
Récolte : Les jeunes feuilles fraîches au printemps avant l'apparition des fleurs.
Conseil : L'ail des ours, en raison de ses huiles essentielles et de son effet antibactérien, peut être intéressant notamment en cas d'affection gastro-intestinale.

ALLIAIRE OFFICINALE [3.]

Alliaria petiolata
Famille : Brassicacées
Appartenance : Plante-feuille.
Emplacement / sol : Idéalement dans un emplacement légèrement ombragé sur un sol riche en nutriments et bien humique.
Semis : Semis en pleine terre en début du printemps.
Soins : Ayez de la patience ! Laissez de préférence les plantes se semer d'elles-mêmes et attendez deux à trois ans qu'un tapis plus dense se forme. Arrosez suffisamment et ajoutez occasionnellement un peu de compost.
Récolte : Si possible, couper en continu les feuilles d'avril à juin.

Conseil : Avec son goût poivré qui ressemble à celui de l'ail, elle améliore les salades, ou bien se mange hachée avec du beurre sur du pain.

PÂQUERETTE [4.]

Bellis perennis

Famille : Astéracées

Appartenance : Plante-fleur.

Emplacement / sol : Endroits ensoleillés, riches en nutriments, sols bien humides. L'engorgement en eau est mal supporté.

Semis : Faire les plants en juin/juillet. La mise en terre des plants en août favorise une floraison précoce et vigoureuse l'année suivante. S'ensemence facilement toute seule (vent, insectes), de ce fait, forte tendance à se propager.

Soins : Facile à entretenir. Occasionnellement limiter le développement (bêche), tondre favorise la prolifération !

Récolte : Presque toute l'année possible, à partir de mars ; feuilles, fleurs, boutons floraux.

VIOLETTE [5.]

Viola odorata

Famille : Violacées

Appartenance : Plante-fleur.

Emplacement / sol : Endroits lumineux à semi-ombragés, sols riches en nutriments, humiques et humides.

Semis : Semis en pleine terre au début du printemps. Grande prolifération par les ramifications et grâce aux fourmis.

Soins : Arroser régulièrement et engraisser.

Récolte : Mars/avril (fleurs), feuilles jusqu'en mai.

Conseil : Thé de violette : Mélanger 2 cuillers à soupe de fleurs séchées à environ 100 g de thé.

GRANDE MAUVE [6.]

Malva sylvestris

Famille : Malvacées

Appartenance : Plante-fleur.

Emplacement / sol : Endroits ensoleillés, sols secs, riches en azote et en nutriments.

Semis : Semis en pleine terre (dépressage), possible toute l'année. Prolifère naturellement.

Soins : Facile à entretenir, arroser régulièrement. Arracher les fleurs passées et flétries.

Récolte : Feuilles (en continu), fleurs (mai à septembre).

Variétés : La variété sauvage, contrairement aux nombreuses variétés cultivées (pour leurs fleurs), est plus riche en principes actifs.

Spécificité : Les extraits de fleurs et de feuilles sont un bon remède contre les inflammations des voies respiratoires.

CHÉNOPODE BON-HENRI

Chenopodium bonus-henricus

Famille : Chénopodiacées

Appartenance : Plante-feuille.

Emplacement / sol : Endroits ensoleillés avec des sols sableux-argileux, à haute teneur en nutriments.

Semis : Semis au printemps, division des rhizomes possible.

Soins : Arroser abondamment et engraisser en raison de la grande masse de feuilles. Taille en vert, en automne ou au printemps.

Récolte : Récolter les feuilles au début de l'été, les fleurs et les pousses peuvent également être consommées.

RÉCOLTE DE PLANTES CONDIMENTAIRES DANS LE JARDIN, AU PRINTEMPS : Alchémille (de mai à août), pissenlit (de mars à avril/mai), chénopode Bon-Henri (d'avril à octobre), lierre terrestre (de mai à juin), ciboulette (de mai à juillet).

[4.]

[5.]

[6.]

L'ÉTÉ
au jardin biodynamique

LA PLUPART DES CULTURES SONT EN PLACE. LE JARDIN D'ÉTÉ EST EN PLEIN ÉPANOUISSEMENT. DES BAIES DÉLICIEUSES, DES LÉGUMES SAVOUREUX ET DES PLANTES AROMATIQUES ATTENDENT D'ÊTRE RÉCOLTÉS. EN LES SOIGNANT, NOUS POUVONS SOUTENIR LEUR SAIN DÉVELOPPEMENT ET AINSI APPRÉCIER LEUR BEAUTÉ ET LEURS PRODUITS.

L'essentiel

[a] QUE CE SOIT EN POT OU EN PLEINE TERRE, les tomates doivent toujours être replantées avec une motte très humide.

[b] POUR LA CULTURE EN POT, il vous faut un récipient suffisamment grand (au moins 10 l par plante) et un bord d'arrosage de 4 à 5 cm.

[c] J'ENLÈVE TOUJOURS LES GOURMANDS ayant une longueur de 7 à 15 cm, au début ayant une longueur légèrement supérieure pour que les feuilles aident la plante à se nourrir (surface de photosynthèse).

[d] ON UTILISE UN COUTEAU ou la main, selon la stabilité de la plante. Le meilleur moment est le matin, lorsque les plantes sont encore en sève. A ce moment, ils se « romptent » plus facilement.

TOMATES

Récolte abondante grâce à des soins appropriés

Afin d'obtenir une bonne récolte de tomates, un soutien supplémentaire leur est nécessaire au cours de la croissance. Il faut régulièrement enlever les gourmands sur les pieds pour permettre un développement suffisant des fruits.

MOINS, C'EST PLUS

Les plants de tomates ont une forte tendance à former des gourmands, surtout latéralement. Durant la croissance, des gourmands se développent presque à l'aisselle de chaque feuille. Si on laissait croître la plante de façon incontrôlée, elle prendrait une apparence buissonneuse, sans tige centrale. Il y aurait beaucoup de fruits sur ce buisson, mais ceux-ci seraient minuscules et ne mûriraient pas. De plus, sans formation d'une réelle tige, la plante aurait tendance à se déliter. Quand on supprime les gourmands, c'est-à-dire les petites pousses latérales, la plante peut concentrer toutes ses forces dans le développement de la tige principale et former de gros fruits, capables de mûrir. La pousse principale doit être soutenue avec un tuteur. Si vous utilisez un tuteur torsadé, il n'est pas nécessaire de les attacher.

ENLEVER LES GOURMANDS

Par l'ébourgeonnage, on enlève régulièrement les gourmands qui se forment au cours du développement de la plante. Les gourmands sont rompus au plus près de la tige, dès qu'ils ont atteint une longueur de 10 à 15 cm. Comme les pousses sont encore très tendres, elles peuvent facilement être coupées entre deux doigts. Afin de ne pas endommager la plante, il est également possible de couper les gourmands avec un sécateur aiguisé ou un greffoir.

ÉTÊTER LES TOMATES

En août, on étête les pieds de tomates, c'est-à-dire qu'on coupe la tige au-dessus de la dernière feuille. De cette manière, les fruits encore présents peuvent mûrir et une nouvelle formation de fleurs et de fruits est stoppée. Grâce à la suppression de l'extrémité des pousses, toutes les forces de croissance des pieds de tomates pénètrent dans les fruits déjà présents. Les tomates sont étêtées au mois d'août, car les plants nécessitent 90 jours de la fécondation à la maturation des fruits.

ATTENTION AU MILDIOU

Lors de la croissance et de la formation des fruits, les tomates sont exposées au risque de mildiou (voir p. 120). Il s'agit d'une maladie cryptogamique, dont les spores se trouvent dans le sol sous la plante. Par l'arrosage ou la pluie, de l'eau contenant des spores peut se répandre sur les feuilles. C'est pourquoi, il faut arroser les tomates, au plus près de la tige et leur offrir une protection trilatérale contre la pluie, fermée, en particulier dans la direction principale du vent et seulement ouverte d'un côté. N'utilisez pas de sacs plastiques car une évaporation suffisante ne serait pas possible et cela favoriserait encore d'avantage l'infestation par les champignons. Vous pouvez protéger vos tomates de manière préventive à partir de mai en les arrosant ou les pulvérisant avec une décoction de prêle. Pour réaliser la décoction de prêle, il vous faut environ 1,5 kg de tiges fraîches, que vous faites macérer pendant 24 heures dans 10 l d'eau et ensuite bouillir une heure. Une fois la tisane refroidie, celle-ci est filtrée. Elle doit être appliquée, diluée en proportion de 1/10 (tisane/eau).

SOINS DES LÉGUMES
dans le jardin d'été

En été, de nombreux travaux sont à effectuer au jardin. Les parasites sont à leur apogée et la récolte de nombreuses plantes est déjà possible. Nous vous donnons ici un aperçu des travaux à effectuer au jardin, où et quand, ainsi que des conseils pour protéger efficacement vos plantes contre les mouches des légumes.

PROTECTION ACTIVE AVEC DES FILETS

La teigne du poireau apparaît au milieu de l'été. Les larves du papillon de nuit sont très friandes de poireau et assaillent les plantes. Elles s'attaquent d'abord à la pointe des feuilles et pénètrent ensuite à l'intérieur. Ce faisant, elles laissent derrière elles un champignon qui finit par détruire le légume. On peut utiliser un filet anti-insectes, qui protège également les carottes contre la mouche de la carotte (disponible dans le commerce). On commence par biner le sol autour de la plante et on enlève les adventices. Ensuite, on dépose sur les cultures une importante couche de mulch, à base de tonte de gazon (à intervalles réguliers d'environ quatre semaines). La tonte de gazon se décompose rapidement et constitue une excellente nourriture pour d'importants organismes du sol. Après le mulching, on recouvre les plantes, de façon lâche par un filet anti-insectes aux mailles serrées, à travers lequel la pluie peut cependant bien s'infiltrer. Veillez à ce que les plantes aient encore suffisamment de place pour croître en dessous. En même temps, le filet anti-insectes doit être fixé au sol, de sorte à ce qu'aucun ravageur ne puisse y pénétrer. Pour cela, on peut par exemple poser de grosses pierres sur les bords du filet. Lors du binage et du mulching, il faut refermer le filet le plus rapidement possible, afin qu'aucun insecte ne puisse s'y introduire. Vous pouvez mettre le filet en place directement après la plantation et le laisser sur les cultures jusqu'à la récolte.

TRAVAUX GÉNÉRAUX

- Biner au lieu d'arroser : toujours aérer suffisamment le sol en été par un binage régulier. On économise ainsi l'eau, précieuse, en limitant le besoin d'arrosage, voir p. 99.
- Pour une humidité satisfaisante du sol, les plates-bandes vides du jardin devraient être recouvertes de mulch, voir p. 105.
- Epandre un des fortifiants pour les végétaux, voir p. 113.
- Désherber, voir p. 101.
- Lutte contre les limaces, voir p. 137.
- Eclaircir les cultures, voir p. 49.

POTAGER

- Semis des cultures d'hiver comme le chou-fleur, la chicorée d'hiver, la mâche, le chou vert, la chicorée pain de sucre, le chou chinois, le poireau.
- Resemer les cultures à croissance rapide tous les 15 jours en petite quantité.
- Butter les haricots, les petits-pois, les pommes de terre.
- Enlever la première fleur qui se forme sur les plants de poivron. Dans le cas contraire, les plantes mettent toute leur énergie dans la formation de ce premier fruit et la récolte sera moindre.
- Protéger les plantes avec une bâche et un filet anti-insectes pour le chou, le poireau, la carotte, la salade.
- Surveiller les doryphores et leurs chenilles voraces (voir image).
- A la survenue des ravageurs, les ramasser et les écraser.
- Eclaircir les plantes telles que les radis.
- Enlever les gourmands sur les tomates, voir p . 151.
- Etêter les aubergines et les concombres.
- Récolte.

JARDIN FRUITIER

- Lutter contre les carpocapses des pommes et des poires sur les arbres avec un anneau de carton ondulé (disponible dans le commerce).
- Si besoin arroser les arbustes à baies.
- Pailler les fraises quelques semaines avant la récolte, afin d'obtenir de beaux fruits.
- Obtenir de nouveaux plants de fraisiers en coupant les stolons, voir p. 143.
- Epandre du purin d'ortie sur les petits fruits et les arbres.
- Mettre les fruits en bocaux pour les conserver.
- Attacher les vrilles des vignes.
- Effectuer une taille d'été des arbres fruitiers et des arbustes à baies.

PLANTES CONDIMENTAIRES

- Récolter régulièrement les plantes condimentaires, afin de favoriser une croissance buissonnante.
- Récolter les plantes médicinales comme la mélisse et la menthe avant la floraison.
- Période principale de récolte de la camomille.
- Semer le persil.
- Conserver les plantes condimentaires.
- Ne plus engraisser à partir d'août.

JARDIN D'ORNEMENT

- Enlever régulièrement les fleurs fanées pour favoriser une croissance buissonnante.
- Rempoter les plantes en pot.
- Repiquer les plantes annuelles.
- Eclaircir les forsythias.
- Tuteurer les plantes vivaces hautes.
- Semer les plantes bisannuelles : œillets de poète, pâquerettes, molènes, pensées.
- Récolter les graines de fleurs.
- Planter les chrysanthèmes d'automne.
- Mettre en place les plantes à bulbe d'automne.
- Tondre la pelouse.

PÉRIODE DES RÉCOLTES AU JARDIN

Fruits et plantes aromatiques

Si le jardin nous offre une riche récolte, nous pouvons transformer celle-ci de multiples façons en de délicieux produits, qui de surcroît se conserveront longtemps. A l'inverse, les fruits frais et les plantes aromatiques ne se conservent généralement que quelques jours.

Si vous souhaitez transformer le produit de votre récolte, veillez à prendre des parties de plantes propres et saines. A cet effet, il peut être utile de mettre de la paille sur les plates-bandes de fraises quelques semaines avant le début de la récolte. Ainsi, les fruits sont moins sujets à la pourriture et à la pression (voir image).

BAIES : LES CONGELER SIMPLEMENT

La congélation est certainement la méthode la plus simple pour pouvoir profiter de fruits frais après l'été. Les fruits à baies conviennent très bien à cette méthode, car ils conservent leur goût, leur forme et leur couleur.

Pour congeler les baies, on étale les fruits bien séchés après un nettoyage soigneux sur un plateau plat (il doit rentrer sans se renverser dans le freezer ou le congélateur). Pour cela, les baies ne doivent pas se toucher. On met ensuite le plateau dans le congélateur ou dans un freezer suffisamment grand. Dès que les fruits sont congelés au bout de quelques heures, on peut les mettre dans des sacs de congélation ou dans des boites en plastique qui

ferment bien. Afin qu'ultérieurement, les baies ne s'emmêlent ni ne collent lors de l'ouverture, on doit encore une fois les disposer une à une, côte à côte, sauf si elles sont ensuite transformées en confiture, gelée ou sauce.

LA MÉTHODE TRADITIONNELLE : SÉCHER LES FRUITS

Les fruits peuvent également être conservés selon une ancienne tradition par séchage. Les fruits les plus adaptés sont ceux que l'on peut couper en tranches, comme les pommes, les poires ou les pêches. Du fait de leur teneur élevée en fructose, les fruits séchés qui ont particulièrement bon goût constituent durant les saisons froides de délicieuses et saines gourmandises.
Le plus simple est de les sécher au four. La température optimale de séchage pour les baies est d'environ 50°C, de 70°C pour les fruits à noyau comme les cerises et les prunes et de 65°C pour les fruits à pépins comme les pommes et les poires.

CONSERVATION DE LONGUE DURÉE : STÉRILISER

En cas de récolte abondante, la cuisson des fruits et des légumes est la méthode la plus rapide pour obtenir une longue durée de conservation. Pour cela, les fruits sont cuits à minimum 90° ou 100°C. La moitié des éléments nutritifs sont perdus par cette longue cuisson à température élevée.
Pour faire des conserves de fruits et de légumes, il faut des bocaux propres et hermétiques, ainsi que des fruits sains et lavés, une température de cuisson adaptée et un stérilisateur. Ceux qui ne font que quelques conserves, peuvent aussi utiliser le four ou un autocuiseur. Les fruits et les légumes doivent être placés dans les bocaux, sous la même forme qu'ils seront utilisés plus tard. On peut remplir les bocaux presque jusqu'au bord avec les légumes ou les fruits puis y verser du vinaigre ou de l'eau sucrée. On place ensuite les bocaux bien fermés (avec un cercle en caoutchouc et des pinces) dans de l'eau bouillante.
Dans un autocuiseur, la durée de cuisson doit être de 10 minutes en moyenne, dans un stérilisateur 30 minutes et dans le four environ deux heures (selon le contenu).

COMPOTE ET CONFITURE : BOUILLIR

En été, les baies sont bien adaptées pour la transformation en compote ou en confiture. La conservation a lieu par une ébullition de trois minutes avec un gélifiant et un remplissage précautionneux dans des bocaux stérilisés. Le jus bouillant peut également être conservé sans sucre dans des bocaux ayant des couvercles à visser si l'on retourne les bocaux à l'envers juste après les avoir refermés. Pour sucrer la masse de fruits, on peut utiliser du jus de poire épais ou du miel. On peut utiliser des gélifiants naturels comme l'agar-agar, de la pectine de pomme ou de la gomme de caroube.

CONSERVER L'ARÔME : LES SELS AUX HERBES

Il y a de multiples possibilités pour conserver l'arôme et les éléments nutritifs des plantes aromatiques une fois que celles-ci ne sont plus fraîches. Une des options les plus simples est de les mettre dans du sel. Les herbes aromatiques comme le romarin, l'estragon et le thym sont particulièrement bien adaptées à ce type de conservation.
Il est primordial que les herbes utilisées soient bien sèches. Pour fabriquer du sel de mer aromatisé, il faut bien broyer au mortier deux doses d'herbes sèches pour une dose de sel de mer puis les mettre dans des bocaux.

Séchage des herbes

La température idéale pour le séchage des herbes est d'environ 38°C, de préférence dans une cabane de jardin peu isolée, avec une bonne aération. C'est seulement de cette façon que les plantes aromatiques peuvent perdre progressivement leur humidité, tout en conservant les huiles essentielles. Les plantes aromatiques sont soit suspendues en petits bouquets ou mises sur un tamis. Après séchage, on peut les hacher et les empaqueter dans des récipients opaques ou les transformer en sels, huiles, tisanes...

"FRAÎCHES" EN HIVER : CONGELER LES HERBES

Ceux qui souhaitent des herbes « fraîches » en hiver, peuvent les congeler de la même façon que les baies. Cela vaut pour le basilic, la ciboulette, le persil, l'aneth. Il faut les laver puis les hacher et les congeler dans des sacs ou des boites. Après la décongélation, il faut les consommer très rapidement.

[1.]

[2.]

[3.]

LÉGUMES
à récolter en été

Les légumes, tels que les pois et les haricots, les concombres, les choux-fleurs et les brocolis sont prêts à être récoltés en été.

CHOU-FLEUR [1.]

Brassica oleracea var. *botrytis*
Famille : Brassicacées
Appartenance : Plante-feuille.
Emplacement / sol : Exigeant. Endroit ensoleillé à mi- ombragé, sol profond calcaire.
Semis : Semis sous abri en mars. Repiquage des variétés d'été, début juin. Espace entre les plantes 50 x 60 cm.
Soins : Maintenir une humidité constante, biner ou mulcher régulièrement, apporter plusieurs fois du compost.
Récolte : De juin à novembre. Les têtes doivent être bien formées mais encore fermées.
Variétés : Très diverses. Il existe des variétés précoces, estivales et tardives.
Conseil : Une mesure contre les ravageurs, qui a fait ses preuves, est l'utilisation d'un filet de protection à mailles serrées, voir p. 152.

HARICOT [2.]

Phaseolus vulgaris
Famille : Fabacées
Appartenance : Plante-fruit.
Emplacement / sol : Peu exigeant mais aime le calcaire.
Semis : A partir de mai à l'extérieur, à maximum 1,5 cm de profondeur. Plus le sol est chaud, plus la germination est rapide. Espacement de 40 cm pour les haricots à rames. Espace entre les rangs de 100 cm, entre deux et quatre graines par rame. Pour les haricots nains, 10 à 15 cm sur le rang. Espace entre les rangs de 40 à 50 cm.
Soins : Eviter l'humidité excessive. Maintenir constamment un apport en nutriments élevé et pour les haricots à rames, attacher les plants à un piquet.
Récolte : De fin juin à octobre. Cueillir les jeunes gousses en continu, ou bien attendre la pleine maturité (Utilisation des graines comme haricots secs).
Variétés : Diversité considérable, qui dépend de l'espèce (à rames, nains, d'Espagne).
Conseil : Avoir ses propres semences est idéal pour les semis de l'année suivante. Pour cela, il faut stocker les haricots dans un endroit frais, sec mais aéré.

AIL [3.]

Allium sativum
Famille : Alliacées
Appartenance : Plante-racine.
Emplacement / sol : Endroit ensoleillé, aéré, sol meuble, riche en humus, bien humide.
Semis : Mettre les caïeux individuels en terre en mars/avril (la pointe environ 2 cm en dessous de la surface, espace entre les

rangs d'environ 25 cm, sur le rang d'environ 12 cm).
Soins : Arroser de temps en temps et éventuellement apporter du compost.
Récolte : De juin à août. Sortez les bulbes du sol, lorsque les feuilles commencent à brunir.
Variétés : Variétés disponibles pour la culture de printemps et d'automne.
Conseil : L'arôme épicé se conserve longtemps, si vous stockez les têtes d'ail à un endroit aéré et ombragé, par exemple nouées en tresses.

POIS [4.]

Pisum sativum ssp. *sativum*
Famille : Fabacées
Appartenance : Plante-fruit.
Emplacement / sol : Sol argileux, bien aéré, calcaire, humique avec un bon approvisionnement en eau.
Semis : Semis en pleine terre sur la plate-bande à partir de fin mars, à environ 2/4 cm de profondeur, variétés tardives jusqu'à début juillet. Plus le sol est chaud, plus la germination est rapide.
Soins : Butter à environ 20 cm de hauteur et maintenir l'humidité en continu.
Récolte : De juin à septembre.
Variétés : Il existe trois groupes principaux : les pois cassés, les pois mange-tout et les petis pois verts. De plus, il existe des différences concernant la période des semis et la taille.
Conseil : Les jeunes gousses tendres des pois mange-tout sont tout à fait consommables.

BROCOLI [5.]

Brassica oleracea var. *italica*
Famille : Brassicacées
Appartenance : Plante-fleur.
Emplacement/ sol : Exigeant. Endroit ensoleillé, protégé du vent. Sol argileux, humique, riche en nutriments.
Semis : Planter à partir d'avril, sous un voile protecteur, à partir de mai, en pleine terre, avec un espace d'environ 40 x 50 cm. Pour les variétés tardives, les semis en pleine terre (d'avril à juin) sont également possibles.
Soins : Bien maintenir l'humidité, ameublir régulièrement ou apporter du mulch et occasionnellement de l'humus.
Récolte : De juin à octobre. Récolter tôt les têtes fermées avec des pédoncules courts.
Variétés : Précoces ou tardives avec des têtes en partie colorées.
Conseil : Les variétés vivaces permettent d'éviter les semis annuels.

CONCOMBRE [6.]

Cucumis sativus
Famille : Cucurbitacées
Appartenance : Plante-fruit.
Emplacement / sol : Endroit protégé, sol riche en nutriments.
Semis : Semis sous abri en avril/mai puis plantation en pleine terre à partir de mi-mai. De préférence sur un film de mulch (avec des fentes). Possibilité de semis en pleine terre à partir de mi-mai. Espace entre les rangs 40 cm. Espace entre les plantes environ 60 cm.
Soins : Arroser régulièrement, apporter du mulch, enrichir le sol avec du compost et ameublir régulièrement. Les concombres de serre nécessitent un support pour s'accrocher.
Récolte : A partir de mi-juillet, lorsque les fruits sont suffisamment grands. Cueillir régulièrement.
Variétés : Grand choix, dépend de la longueur des fruits et de la transformation : concombres, cornichons, etc. Afin d'éviter les maladies, choisissez toujours des variétés résistantes.
Spécificité : Notez que les concombres sont très sensibles aux changements de température.

D'AUTRES LÉGUMES D'ÉTÉ : **Tomate (récolte de juin à octobre), aubergine (récolte d'août à septembre), poivron (récolte de juillet à octobre), courgette (récolte de juin à octobre), pois chiche (récolte de juillet à septembre).**

[4.]

[5.]

[6.]

[1.]

[2.]

[3.]

PARFUM D'ÉTÉ

Récolter les plantes aromatiques

De juin à août, les plantes aromatiques créent une ambiance méditerranéenne sur les plates-bandes. La lavande, le romarin et le thym enchantent la vue, le goût et l'odorat.

ORIGAN [1.]

Origanum vulgare subsp. *vulgare*
Famille : Lamiacées
Appartenance : Plante-feuille.
Emplacement / sol : Emplacement ensoleillé sur un sol perméable, la plupart du temps sec, pauvre en nutriments.
Semis : Semis en pleine terre de mai à juin. Plantation à partir de mai. Multiplication : division, stolons, boutures.
Soins : Arroser et engraisser modérément. Au printemps, rabattre complètement.
Récolte : Nouvelles feuilles et pousses de façon régulière. Pour la conservation (séchage), couper à la floraison.
Conseil : En plus d'être une plante condimentaire, l'origan est un remède ayant fait ses preuves, avant tout utilisé en cas de maladies des voies respiratoires et de problèmes de digestion.

MILLEPERTUIS PERFORÉ [2.]

Hypericum perforatum
Famille : Hypériacées
Appartenance : Plante-fleur.
Emplacement / sol : La plupart du temps dans un endroit ensoleillé/mi- ombragé sur des sols perméables, riches en calcaire, plutôt pauvres en nutriments.
Semis : Le mieux est de mettre de jeunes plants du commerce (espace 40 cm) sur les plates-bandes à partir de mars. Possibilité de semis en pleine terre.
Soins : Facile à entretenir. Arroser occasionnellement. Couper complètement avant et après la saison.
Récolte : De juin à septembre. Couper les tiges complètement fleuries et sécher.
Conseil : L'huile rouge provenant des fleurs est utilisée comme remède contre les plaies superficielles. Les feuilles et les pousses sont utilisées en tant que condiments pour les plats de poissons.

HYSOPE [3.]

Hyssopus officinalis
Famille : Lamiacées.
Appartenance : Plante-fleur.
Emplacement / sol : Ensoleillé. Sol perméable, calcaire, riche en nutriments.
Semis : Semis en pleine terre au printemps, boutures à la fin de l'été.
Soins : Arroser peu, mais engraisser avec beaucoup de compost. Rabattre au printemps, pour maintenir la forme de la touffe. Au cours des hivers froids, recouvrir avec de la paille/des branchages.
Récolte : Récolter en continu les feuilles et les pointes.
Conseil : Les feuilles constituent un condiment aromatique âpre pour de nombreux plats. L'infusion d'hysope est un bon remède contre la toux sèche.

LAVANDE [4.]

Lavandula angustifolia

Famille : Lamiacées

Appartenance : Plante-fleur.

Emplacement/ sol : Endroits ensoleillés, sur un sol perméable, calcaire, pauvre en nutriments.

Semis : Semis en pleine terre ou repiquage des plants en meilleure santé (toujours au printemps). Marcottage possible (selon les variétés).

Soins : Arroser moyennement. Sous climat rude, protéger en hiver. Rabattre la plante à un tiers environ tous les deux-trois ans (au début du printemps), afin de maintenir une belle croissance compacte.

Récolte : De juin à août. Couper les pousses fleuries dès que les fleurs s'ouvrent, simultanément sécher.

Conseil : Les feuilles peuvent également être utilisées comme un condiment de caractère pour de nombreux plats.

BASILIC [5.]

Ocimum basilicum

Famille : Lamiacées

Appartenance : Plante-feuille.

Emplacement/ sol : Endroit chaud, protégé, sol riche en nutriments.

Semis : Semis sous abri fin février à environ 20°C, repiquer à partir de mai avec un espace de 30 cm.

Soins : Si possible, maintenir les plantes humides en continu et fertiliser une ou deux fois avec un engrais organique.

Récolte : De juillet à septembre. A tout moment, des pousses et des feuilles. Si vous souhaitez fabriquer du pesto ou congeler la plante aromatique, les pousses entières doivent être coupées avant la floraison.

Conseil : Le basilic, qui aime la chaleur, est difficile à cultiver en pleine terre, le mieux est de le planter en pot.

ROMARIN [6.]

Rosmarinus officinalis

Famille : Lamiacées

Appartenance : Plante-feuille.

Emplacement / sol : Emplacement chaud, ensoleillé, sol pauvre, bien perméable, rocailleux.

Semis : Possibilité de semis en pleine terre (de mars à juillet). Le mieux est d'acheter des plants et de les mettre à l'extérieur à partir de mai dans un endroit protégé.

Soins : Arroser régulièrement mais éviter l'engorgement, engraisser de temps en temps et tailler au printemps.

Récolte : Les feuilles et l'extrémité des pousses en continu à partir de mai. Pour conserver (sécher), récolter en été.

Conseil : Le mieux est de le cultiver en pot, car il est très sensible au froid.

THYM

Thymus vulgaris

Famille : Lamiacées

Appartenance : Plante-feuille.

Emplacement / sol : Ensoleillé. Sol perméable, sableux-argileux.

Semis : Semis sous abri/en pleine terre à partir d'avril (jusqu'à mi-août).

Soins : Mettre une bonne protection hivernale et apporter de temps en temps du compost. Renouveler après environ quatre ans par division.

Récolte : Feuilles et extrémités en continu à partir de mai/juin. Pour la conservation (séchage), le mieux est de récolter au début de la floraison.

Conseil : Essayez un mélange de différentes espèces/variétés, pour découvrir la riche diversité du thym.

D'AUTRES HERBES AROMATIQUES POUR LE JARDIN : **Marjolaine (récolte à partir de mai), reine-des-prés (récolte de juin à août/septembre), amarante (récolte de juin à août/septembre), immortelle d'Italie (récolte de mai à juin), camomille (récolte de mai à septembre), molène (récolte de juillet à août), livèche (récolte de juin à août/septembre), arroche des jardins (récolte de juin à août/septembre), persil (récolte toute l'année, toujours de jeunes feuilles), pourpier (récolte toute l'année, toujours de jeunes feuilles), souci des jardins (récolte de juin à septembre/octobre), ail (récolte avril/mai jusqu'à juillet sans fleurs).**

[4.]

[5.]

[6.]

[1.]

[2.]

[3.]

RÉCOLTER LES BAIES

Fruits à grignoter pour les petits et les grands

Il est probable que toute la famille attende avec impatience le moment de cueillir les fraises, framboises, casseilles, etc. et de les déguster.

FRAMBOISE [1.]

Rubus idaeus

Appartenance : Plante-fruit.
Variétés: D'été et d'automne.
Aspect : Arbuste épineux (taille jusqu'à 200 cm), avec des fruits composés, rouges, les "baies".
Plantation/ soins : Sol meuble, riche, bien perméable. Plantation d'avril à septembre avec un espace de 48 cm. Espace entre les rangs 180 cm. Ne pas planter trop profondément et arroser régulièrement. Pour les framboises d'été, couper la tige près du sol après la récolte. Pour les framboises d'automne, attendre le printemps. Mieux vaut apporter du mulch que désherber (système racinaire superficiel).
Composants : Potassium, calcium, vitamine C.
Récolte : De juin à octobre.
Partie récoltée : Baies, feuilles.
Utilisation : Consommation fraîche, jus, confiture, compote, gâteaux, infusions. Peuvent être facilement conservées grâce à la congélation.

MÛRE [2.]

Rubus fruticosus

Appartenance : Plante-fruit.
Variétés : Grimpante, variétés à croissance verticale, avec ou sans épines.
Aspect : Plante grimpante (jusqu'à 3 m), avec des feuilles dentées, avec de nombreuses pousses latérales et de nombreuses fleurs de blanc à rose (de juin à août).
Plantation/ soins : En mars, planter à intervalles de 2 à 3 m et prévoir un tuteur stable. Tailler régulièrement car a tendance à se propager. Cultiver de préférence en espaliers ou en treille. Apporter du mulch et arroser régulièrement, engraisser de temps en temps avec de la matière organique. Choisissez des emplacements ensoleillés et un sol riche et bien frais.
Composants : Potassium, vitamine C, tanin et arôme.
Récolte : De juin à septembre.
Partie récoltée : Baies, feuilles.
Utilisation : Consommation fraîche, jus, confiture, compote, gâteaux, infusions, liqueur. Se conserve bien par congélation.

GROSEILLE [3.] ET CASSIS [4.]

Ribes rubrum

Appartenance : Plante-fruit.
Variétés : Précoce, moyenne, tardive.
Aspect : Arbuste vertical ou petit arbre avec des baies rouges, blanches ou noires *(R. nigrum)* [→4.].
Plantation/ soins : Plantation en automne avec de huit à dix pousses vigoureuses. Arroser régulièrement. Taille après la récolte.

Mieux vaut apporter du mulch que désherber (système racinaire superficiel).
Composants : Potassium, vitamine C, antioxydant.
Récolte : De juin à août.
Partie récoltée : Baies (toutes les grappes), fleurs, feuilles.
Utilisation : Consommation fraîche, jus, confiture, compote, gâteaux, fabrication de parfum, infusions. Facile à conserver par congélation.

GROSEILLE À MAQUEREAU [5.]

Ribes uva-crispa
Appartenance : Plante-fruit.
Variétés : Choisir des variétés de grande résistance contre le mildiou du groseillier.
Aspect : Arbuste compact ou petit arbre avec des baies vertes, jaunes, rouges et des épines typiques sur les pousses et les branches.
Plantation / soins : Choisissez un emplacement d'ensoleillé à mi- ombragé et un sol argileux, riche. Le mulch favorise le mûrissement du fruit. Taille après la récolte.
Composants : Potassium, vitamine C, calcium, phosphore.
Récolte : De juillet à août.
Partie récoltée : Baies.
Utilisation : Consommation fraîche, compote, confiture, gâteaux. Se congèle facilement.

FRAISE [6.]

Fragaria × ananassa
Appartenance : Plante-fruit.
Variétés : Diversité augmentant continuellement. Mensuelle, grimpante, suspendue, en pot.
Aspect : Croissance basse et compacte. Plante avec de nombreux stolons, des fruits typiques et des feuilles à long pétiole, près du sol. Délicates fleurs blanches.
Plantation / soins : A partir de fin juin, séparer les jeunes plants de la plante-mère. Lors de la mise en terre, veiller à ce que le cœur de la plante se trouve à la surface. Choisissez un emplacement ensoleillé et un sol humique, légèrement acide. Mettre de la paille comme mulch avant la récolte. Engraisser ensuite avec du compost.
Composants : Potassium, magnésium, fer, vitamine C, acide folique.
Récolte : Dépend de la variété, durant toute la saison.
Partie récoltée : Baies, jeunes feuilles.
Utilisation : Consommation fraîche, jus, confiture, compote, gâteaux, infusions. Facilement conservable par congélation.

CASSEILLE

Ribes × nidigrolaria
Appartenance : Plante-fruit.
Aspect : Croisement de groseille à maquereau et de cassis, ressemblant aux deux, avec des fruits noir foncé.
Plantation / soins : Plantation possible toute l'année avec des plants en pot. Espace entre les plantes de 150 à 200 cm. Distance entre les rangs de 180 à 250 cm. Les casseilles nécessitent un sol argileux, riche en nutriments et un apport en eau régulier. Apporter du mulch est avantageux. La taille d'éclaircie conserve la vitalité ; tailler les vieilles pousses le plus près du sol possible.
Composants : Vitamine C.
Réolte : De juin à fin juillet.
Partie récoltée : Baies.
Utilisation : Consommation fraîche, jus, confiture, compote, liqueur. Se congèle facilement.

D'AUTRES BAIES À RÉCOLTER EN ÉTÉ: **Myrtille (récolte de juin à août), aronia (récolte de mi-août à mi-septembre), mûre (mûrier platane, récolte août/septembre), myrtille de Sibérie (récolte de mai à juin).**

[4.]

[5.]

[6.]

L'AUTOMNE

au jardin biodynamique

L'AUTOMNE ÉTINCELANT SE PLACE SOUS LE SIGNE DE LA RÉCOLTE DES FRUITS, DES LÉGUMES, DES PLANTES CONDIMENTAIRES ET DE LEUR TRANSFORMATION. CEPENDANT, IL NOUS FAUT AUSSI ACCOMPLIR UNE AUTRE BELLE TÂCHE IMPORTANTE : LA RÉCOLTE DES GRAINES. AVEC ELLE NOUS POSONS LA PREMIÈRE PIERRE POUR L'ANNÉE DE JARDINAGE À VENIR ET NOUS CONTRIBUONS À CONSERVER LA DIVERSITÉ DE NOS PLANTES.

L'essentiel

[a] AFIN D'OBTENIR DES SEMENCES DE CAROTTES, on récolte les carottes en automne et on les stocke en hiver. En mars, les porte-graines sont à nouveau plantés en terre. Un emplacement ensoleillé favorise le mûrissement des graines. L'espace entre les rangs doit être de 50 cm minimum et sur les rangs entre 10 et 15 cm.

[b] IL FAUT PROTÉGER la petite pousse de carotte des limaces.

[c] EN ÉTÉ, pendant la floraison, il ne faut pas laisser des carottes sauvages fleurir dans un périmètre de 500 m et participer à la fécondation car les carottes perdraient une grande part de leurs caractères tels que la couleur et le goût sucré.

[d] LES OMBELLES DE GRAINES sont récoltées lorsque les graines ont pris une couleur brune. Pour le séchage, on met les ombelles dans une taie d'oreiller que l'on suspend dans la cabane de jardin. Avant que les graines ne deviennent semences, elles doivent individuellement être libérées de leurs poils rigides. Cela peut simplement se faire en frottant les graines sèches dans les mains.

[a]

[b]

[c]

[d]

RÉCOLTER LES SEMENCES

Préserver la diversité

Multiplier les graines est une activité plaisante, permet d'approfondir ses connaissances en jardinage et de faire des économies. On peut cultiver des variétés anciennes et rares et ainsi favoriser la diversité des plantes en voie de disparition.

La multiplication des graines constitue un des aspects particulièrement agréables du jardinage. Pour nos ancêtres, cultiver ses propres semences était une pratique évidente pendant des millénaires. Aujourd'hui, avec l'offre commerciale de semences en provenance des jardineries etc., ce savoir est presque tombé dans l'oubli. La diversité apparente de l'offre en semences constitue cependant un choix restreint en comparaison avec la diversité régionale qui était présente dans les jardins particuliers il y encore quelques décennies. Peut-être découvrirez-vous chez vos voisins, amis ou parents d'anciennes variétés locales délicieuses, telles que des tomates roses, des radis jaunes ou des carottes violettes. La collecte passionnée d'anciennes variétés n'enrichit pas seulement le jardin particulier mais aide aussi à conserver la diversité menacée et favorise les variétés anciennes et locales.

RÉCOLTER DES GRAINES FIXÉES

Afin d'obtenir vos propres semences, aptes à la multiplication, il vous faut une plante-mère de variété fixée (voir p. 42). Cela étant majoritairement le cas pour les variétés anciennes et les variétés bio, la production de semences ne pose alors pas de problème. A l'inverse des variétés fixées, les plantes hybrides modernes n'héritent généralement pas des propriétés souhaitées ou bien ne forment pas du tout de graine. Seuls de beaux exemplaires en bonne santé, caractéristiques de la variété, sont adaptés pour obtenir des graines. La plante choisie (non hybride !) doit de préférence avoir poussé en biodynamie.

On procède ainsi

Laissez la plante choisie parvenir à floraison et à maturation, jusqu'à ce que les graines soient complètement desséchées et qu'elles tombent quasiment d'elles-mêmes. Coupez avec précaution les porte-graines et laissez-les sécher quelque temps. Frottez les graines et mettez-les dans de petits sacs ou des enveloppes sur lesquels vous aurez préalablement inscrit l'année de la récolte et le nom de la variété. Mettez ensuite les petits sacs dans des bocaux à couvercle, portant également une inscription, afin de les protéger des insectes. Conservez les bocaux dans un endroit frais, sec et sombre.

SEMENCES DE FLEURS

Vous pouvez aussi multiplier facilement des fleurs, telles que les coquelicots, les roses trémières, les asters, les marguerites, etc. Pour celles-ci, vous n'aurez pas besoin de frotter les graines, car les capsules récoltées, mûres et sèches, ainsi que les inflorescences mûres, peuvent être mises entièrement en terre à l'automne de l'année de récolte. Pour étaler la floraison d'une ou plusieurs variétés de fleurs sur une longue période l'année suivante, semez-en plusieurs fois en automne, à intervalles d'une semaine. De cette manière, la floraison de vos variétés favorites durera particulièrement longtemps l'année suivante.

LES PLANTES AROMATIQUES **telles que l'aneth, la bourrache, le cresson permettent de débuter plus facilement. On conserve les inflorescences jusqu'à ce qu'elles soient complètement séchées et que les graines tombent quasiment d'elles-mêmes.**

[a]

L'essentiel

[a] LORS DE LA RÉCOLTE des pommes de terre en automne, on conserve quelques petits tubercules pour la culture au printemps suivant. Des pommes de terre pré-germées offrent, grâce à une croissance plus rapide, de bonnes conditions pour obtenir le rendement souhaité.

[b] POUR LA GERMINATION, on pose les pommes de terre à un endroit chaud et lumineux, à maximum 20°C, entre trois et quatre semaines avant la date de la plantation. Pour cela, des cartons à œufs peuvent rendre service.

[c] LORS DU REPIQUAGE des tubercules pré-germés, la prudence est de mise, afin que les jeunes pousses ne se cassent pas.

[d] LES TUBERCULES de pommes de terre doivent toujours être mis en terre à plat, c'est-à-dire pas plus profondément que l'épaisseur du tubercule. Au cours de la croissance, on butte régulièrement la terre, élevant ainsi la rangée de pommes de terre.

[b]

[c]

[d]

POMMES DE TERRE

Récolter, stocker, pré-germer et planter

Les pommes de terre sont une culture idéale pour le jardinier débutant. Ceux qui n'utilisent pas toute leur récolte pour faire de délicieux plats en automne, peuvent conserver quelques tubercules afin de cultiver de nouvelles pommes de terre au printemps.

Comme il existe une grande diversité de variétés de pommes de terre, qui n'est cependant plus disponible dans le commerce, cela vaut la peine de cultiver ces formidables tubercules dans son jardin et de conserver des plants pour le printemps suivant.

RÉCOLTE DES POMMES DE TERRE

On distingue les variétés selon leur date de récolte : précoces, semi-précoces et tardives. Les pommes de terre précoces sont récoltées dès la floraison. Pour les variétés tardives, la récolte a lieu lorsque les feuilles sont fanées (à partir de mi-septembre).

PLANTS DE POMMES DE TERRE

Afin d'obtenir des plants de pommes de terre après la récolte, on conserve de petites pommes de terre **[→a]** que l'on stocke à un endroit aussi frais et sombre que possible jusqu'en février.

La pré-germination

Il faut que les variétés précoces soient pré-germées. On peut aussi pré-germer les variétés moyennes et tardives mais cela n'est pas absolument nécessaire. La pré-germination est recommandée pour que les pommes de terre gagnent environ quatre semaines dans leur croissance.
Pour la pré-germination, les pommes de terre sont posées sur un carton d'œufs, à un endroit ensoleillé, à température ambiante.

Commencez la germination environ trois semaines avant la date prévue pour la plantation **[→b]**. Pendant cette période, les tubercules forment des germes colorés, d'environ 1 cm de long **[→c]**. Les pommes de terre précoces peuvent déjà être plantées à partir d'avril, la plantation étant cependant recommandée à partir de début mai, lorsque le sol du jardin est déjà un peu plus chaud.

SUR LES PLATES-BANDES

Au printemps, avant de planter les pommes de terre pré-germées dans les plates-bandes, il faut épandre de la bouse de corne, voir p. 36. Dans le meilleur des cas, vous disposez d'une plate-bande sur laquelle vous aviez semé un engrais vert (voir p. 89). Mettez les plants de pommes de terre à intervalles de 60 cm sur le rang, l'espacement entre les rangs étant de 30 cm. Les tubercules sont plantés à environ 10 cm de profondeur dans le sol **[→d]** et sont ensuite buttés, c'est-à-dire qu'on crée des buttes. Dès qu'on aperçoit la première pousse verte, on recommence le buttage, afin que le tubercule ne verdisse pas. Vérifiez qu'il n'y ait pas de doryphores sur les pommes de terre, ni de mildiou. En cas de mildiou de la pomme de terre, on peut épandre une décoction de prêle de manière préventive, voir p. 151. Pour éviter les dégâts causés par les doryphores, il faut toujours vérifier la face inférieure des feuilles de la plante pour voir s'il y a un dépôt d'œufs et, le cas échant, enlever toute la feuille.

DES POMMES DE TERRE POUR LE BALCON. Les pommes de terre peuvent également être cultivées sur le balcon ou la terrasse, dans des récipients d'au moins 50 cm de diamètre. Pour cela, on remplit un baquet de terre à moitié et on ajoute le reste de terre dès que la plante a atteint 20 à 30 cm.

CONSERVER
les meilleurs sur une corde

Il y a toujours quelque chose à récolter au jardin. Les légumes-racine et les choux sont parmi les derniers dans les plates-bandes. En automne, on peut les stocker de multiples manières.

QUELS LÉGUMES PEUT-ON CONSERVER ?

Pour les légumes que nous souhaitons conserver longtemps dans notre maraîchage, comme par exemple les pommes de terre, les carottes, les betteraves et d'autres légumes-racine, je regarde très précisément le « calendrier des semis », et j'effectue toujours la récolte en jour-racine (également pour les plantes-feuille).
Une pratique qui a fait ses preuves pour ces légumes dans notre maraîchage est une pulvérisation supplémentaire de silice de corne, un soir d'un jour-racine, environ quatre semaines avant la récolte. En effectuant cela trois jours de suite, vous améliorerez le goût et la conservation de vos légumes.
Pour le stockage, nous utilisons uniquement des légumes d'excellente qualité, les légumes avec de petits défauts étant mis de côté et consommés rapidement. On évite ainsi une éventuelle contamination et on limite la perte. Il est également important que les légumes stockés ne soient pas lavés et « grattés ». A l'inverse, laissez un peu de terre adhérer car elle constitue une bonne protection contre le dessèchement.

DES CHÂSSIS COMME LIEU DE STOCKAGE

Ceux qui disposent d'un châssis peuvent y stocker des légumes. Les choux, les poireaux, la chicorée pain de sucre et les endives peuvent y être conservés (la plante entière avec la racine). Cela signifie que vous replantez dans un petit espace le chou que vous avez déraciné sur la plate-bande avec une petite motte de terre. Les plantes peuvent se toucher sans problème. Afin de protéger le châssis contre le gel, il vous faut le recouvrir avec du papier bulle, par exemple. Lorsque le soleil est fort en automne, il faut également prévoir une bonne aération (voir p. 135).

LES CHOUX SUR UNE CORDE

Il existe toute une série de légumes qui peuvent être conservés de manière tout à fait « normale » à la cave, dans la mesure où celle-ci est suffisamment fraîche. Vous pouvez par exemple conserver les têtes de choux, suspendues deux par deux par la racine sur une sorte de « corde à linge ». Vous pouvez procéder de la même manière pour la chicorée pain de sucre. Ces légumes doivent garder encore un peu de racines afin de pouvoir les suspendre. Veillez cependant, à ce qu'il n'y ait pas de terre sur les racines, car celle-ci altère la conservation.

DES COUCHES DANS LE SABLE

La conservation en couches dans le sable est une méthode pratique. Pour cela, on place une caisse avec du sable humide dans la cave et on y enterre les légumes-racine en couches, c'est-à-dire qu'on alterne une couche de légumes et une couche de sable. On termine par une couche de sable sur laquelle on dépose un film afin que les légumes ne dessèchent pas. Vérifiez l'humidité de temps en temps et, si besoin, humidifiez le sable avec un peu d'eau.

TRAVAUX IMPORTANTS AU JARDIN EN AUTOMNE

Travaux généraux

- Semer des épinards ou des engrais verts d'hiver sur les surfaces libérées, voir p. 89.
- Pour la fabrication des préparations, rejoindre une association de jardinage biodynamique (autour de la Saint-Michel), voir p. 35.
- Dernière pulvérisation de bouse de corne, p. 36.
- Faire attention aux infestations et dégâts de souris.
- Sécher les graines et les conserver.

Potager

- Au début de l'automne, pulvériser de la silice de corne sur les carottes et les légumes de garde.
- Protéger les plantes sensibles contre le gel nocturne (aubergines, poivrons, tomates, courgettes).
- Diviser les rhubarbes et les planter.
- En automne, les surfaces qui sont utilisées pour les premières cultures, comme par exemple les carottes, sont recouvertes d'une couche de mulch.
- A partir d'octobre/novembre, pulvérisation de prêle comme mesure préventive contre les champignons pour l'année à venir, voir p. 151.
- Récolter les endives à partir d'octobre pour le forçage, voir p. 179.

Plantes condimentaires

- Récolte.
- Séchage et conservation.
- Diviser les rhizomes compacts et replanter.

Jardin fruitier

- Tailler les mûriers, éclaircir les framboisiers.
- Combattre les chenilles des cheimatobies avec des anneaux en carton ondulé ou des anneaux de colle.
- Récolter les fruits et soutenir les branches.
- Enlever les gourmands (pousses à croissance verticale).

Jardin d'ornement

- Période de plantation pour les arbres et les arbustes, voir p. 59.
- Récolter les bulbes des plantes telles que les cannas et les dahlias pour les faire hiverner.

EN SERRE Si vous possédez une petite serre, vous pouvez également y replanter sans problème les poireaux, la chicorée pain de sucre, les endives et les choux pour les récolter pendant une période de gel. Selon le type de serre, vous devrez également recouvrir les parois avec du papier-bulle. Les jours de printemps ensoleillés, il est important de bien aérer la serre, car les premiers rayons du soleil la réchauffent très vite et ces variations de température de grande amplitude seraient néfastes pour les légumes.

LÉGUMES D'AUTOMNE

Choux et Cie.

En automne, la plupart des espèces de choux sont mûres. Plusieurs légumes-racine font également partie de la récolte et peuvent être transformés ou être préparés pour la conservation.

OIGNON [1.]

Allium cepa var. *cepa*

Appartenance : Plante-racine.
Variétés : Abondance de nuances de goût, de couleurs (brune, blanche, jaunâtre, rougeâtre) et de formes (allongée, bombée). De plus, de nombreuses variétés d'*Allium* avec des propriétés similaires.
Aspect : Plante herbacée vivace, avec une croissance verticale, des inflorescences ombelliformes et des feuilles linéaires partant du sol.
Semis : Semis en pleine terre de mars à fin avril, plantation de bulbes à partir de fin mars. Pour la culture d'hiver, semis en août, bulbes ou plants en septembre. De manière générale, veillez à avoir un sol meuble, pas trop humide.
Récolte: Avril (les oignons qui ont hiverné), les oignons ordinaires à partir d'août. Commencer à plier les feuilles. Recouvrir les oignons qui hiberneront (paille, branchages).

CHOU ROUGE ET CHOU BLANC [2.]

Brassica oleracea var. *capitata*

Appartenance : Plante-feuille.
Aspect : Chou avec des feuilles typiques, qui forme un chou pommé. La coloration du chou rouge dépend du pH du sol.
Semis : Semis sous abri à partir de mars, repiquage à partir de mai. Espace entre les rangs de 50 cm. Espace entre les plantes de 60 cm. Régulièrement apporter de l'engrais organique, du mulch et arroser.
Récolte : A partir de juin/juillet jusqu'à octobre/novembre. Protéger les variétés précoces avec un voile ou un film.

POTIRON [3.]

Cucurbita maxima

Appartenance : Plante-fruit.
Variétés : Abondance de variétés de différentes formes. Particulièrement riches en couleurs : les courges ornementales.
Aspect : Selon les variétés, croissance grimpante ou en touffe près du sol. Immense masse de feuilles et des fruits parfaitement reconnaissables, les potirons. Des fleurs très souvent attrayantes (plante mellifère).
Semis : Semis sous abri en avril, plantation vers la mi/fin mai possible. Veillez à une bonne fertilisation. Espace entre les plantes d'au moins 200 x 150 cm.
Récolte : Dépend de la variété. Les potirons d'hiver en automne (aptes à la conservation), les courges d'été (« potiron de jardin »), sont prêtes pour la récolte à partir de juin.
Partie récoltée : Graines de courge, courges avec de la chair.

CAROTTE [4.]
Daucus carota
Appartenance : Plante-racine.
Aspect : Plante bisannuelle, avec des fanes ; taille jusqu'à 150 cm, des fleurs couleur crème.
Semis : Espace entre les rangées de 15 à 25 cm, sur le rang entre 3 et 7 cm. Maintenir l'humidité en continu et désherber soigneusement.
Récolte : De mai à octobre.

POMME DE TERRE [5.]
Solanum tuberosum
Appartenance : Plante-racine.
Variétés : Précoces, moyennes, tardives, fermes, farineuses, tubercules de différentes couleurs.
Aspect : Croissance verticale, imposante. La plante peut atteindre 100 cm avec des inflorescences blanches typiques.
Soins : Eviter l'engorgement en eau, biner régulièrement, mélanger continuellement suffisamment de compost et du fumier. A partir d'une taille de 15 cm, vous devez butter la terre autour des plants.
Récolte : De juin à octobre. Les variétés précoces lorsque les feuilles sont encore vertes, les variétés tardives après la fanaison des feuilles.

CHOU DE MILAN [6.]
Brassica oleracea var. *sabauda*
Appartenance : Plante-feuille.
Variétés : Précoces, estivales, hivernales.
Aspect : Chou avec des feuilles ondulées typiques, de jaunâtres à vertes, formant une rosette sur une forte tige.
Semis : Semis sous abri à partir de février jusqu'à fin mai, semis en pleine terre avec un espacement de 50 x 50 cm entre les plantes. Pour les choux d'hiver, semis sous abri en juin et repiquage en juin/juillet.
Récolte : Commence en juin jusqu'en février de l'année suivante. Protéger les variétés précoces avec un film de protection, bien maintenir l'humidité, travail du sol régulier ; engraisser plusieurs fois.

BETTERAVE ROUGE [7.]
Beta vulgaris subsp. *vulgaris* var. *vulgaris*
Appartenance : Plante-racine.
Variétés : Selon la forme des betteraves (rondes, allongées) ou la couleur de la chair (rouge, jaune, cerclée rouge et blanc). Betteraves miniatures pour la récolte précoce.
Aspect : Plante bisannuelle avec des tiges rougeâtres et des feuilles typiques.
Semis : Semis en pleine terre à partir de mi-avril jusqu'à mi-juin à une profondeur de 3 à 4 cm. Espace entre les rangs de 25 à 30 cm. Espace de 8 à 12 cm entres les plantes. Semer les betteraves miniatures à intervalles de quatre semaines.
Récolte : De fin juin à octobre/novembre. Biner avec précaution, car les betteraves sont facilement endommagées. Bien maintenir l'humidité.

SALSIFIS CULTIVÉ [8.]
Tragopogon porrifolius
Appartenance : Plante-racine.
Variétés : Légume rare et ancien.
Aspect : Légume-racine herbacé (jusqu'à 120 cm de hauteur), annuel ou bisannuel, avec des fleurs pourpres en capitules de juin à juillet. Forme une vigoureuse racine pivotante.
Semis : A partir de mi-mars jusqu'à fin avril, facile à cultiver. Germe très rapidement, le plus souvent au bout de huit ou dix jours. Veillez à faire un apport constant en eau et en nutriments, évitez les sols acides. Préfère un emplacement ensoleillé.
Récolte : De septembre à début novembre.

D'AUTRES LÉGUMES D'AUTOMNE : Fenouil (récolte d'août à octobre), radis noir (récolte de mai à octobre), raifort (récolte de septembre à avril de l'année suivante), topinambour (récolte d'octobre à mars de l'année suivante), chervis (récolte d'octobre à mars de l'année suivante).

[5.]

[6.]

[7.]

[8.]

[1.]

[2.]

[3.]

PLANTES AROMATIQUES
au jardin en automne

En automne, de nombreuses plantes aromatiques nous réjouissent par leurs graines et leurs fruits. Si elles ne sont pas toutes utilisées immédiatement, on peut conserver leurs graines pour l'année suivante.

AURONE [1.]

Artemisia abrotanum

Appartenance : Plante-feuille.
Aspect : Arbrisseau ou plante vivace herbacée, taille jusqu'à environ 150 cm, très ramifié ; feuilles pérennes persistantes.
Plantation/ soins : Bulbes en été, division en automne. Sol peu riche, ne tailler qu'au bout de quelques années. Croît le mieux sur des sols secs, perméables et calcaires.
Composants : Huile essentielle, abrotine.
Récolte : Durant les mois d'été.
Partie récoltée : Extrémités des jeunes pousses.
Utilisation : Plante médicinale et condiment (fraîche ou séchée). Stimule l'estomac et la sécrétion de bile. A utiliser avec parcimonie.

SARRIETTE [2.]

Satureja

Appartenance : Plante-feuille.
Variétés : Sarriette d'été, citronnée, des montagnes et sarriette pourpre.
Aspect : Croissance en touffe, feuilles lancéolées, fortement ramifiée, de nombreuses petites fleurs lamiacées (blanches, pourpres) de juillet à octobre.
Plantation/ soins : Semis au printemps. Arroser régulièrement pendant la période de sécheresse et ameublir fréquemment le sol afin de pouvoir récolter des feuilles fraîches en permanence. Sols légers riches en nutriments.
Composants : Huile essentielle (poivrée, citronnée).
Récolte : De juillet à septembre.
Partie récoltée : Les feuilles jeunes et les extrémités des pousses. Pour la conservation, toujours récolter les feuilles avant la floraison.
Utilisation : Multiple, en tant que condiment puissant. Favorise la digestion.

ESTRAGON [3.]

Artemisia dracunculus

Appartenance : Plante-feuille.
Variétés : Estragon français, allemand, russe. La dernière est la plus robuste mais la plus âpre au goût.
Aspect : Verticale, plante herbacée à croissance en touffe ; taille jusqu'à 90 cm, feuilles lancéolées, discrètes fleurs jaunes de mai à septembre.
Plantation / soins : Division du rhizome ou boutures. A besoin d'un sol riche bien humide.
Composants : Huile essentielle (arôme d'anis).
Récolte : De mai/juin jusqu'en septembre.

Partie récoltée : Feuilles jeunes et extrémités des pousses. Il se conserve le mieux, juste coupé avant la floraison.
Utilisation : Herbe aromatique, vinaigre caractéristique.

FENOUIL DOUX [4.]

Foeniculum vulgare subsp. *vulgare* var. *dulce*
Appartenance : Plante-fruit.
Aspect : Légume, condiment et plante médicinale bisannuelle ou vivace, taille jusqu'à 180 cm, avec des tiges rondes, des feuilles pennées et de belles inflorescences (ombelles doubles).
Plantation / soins : Semis au printemps. Division des racines en automne. Un emplacement chaud et un sol argileux/ limoneux, riche en nutriments et en bases sont nécessaires pour récolter du fenouil bien mûr.
Composants : Un bon nombre d'huiles essentielles, potassium, silice, vitamines A, B et C.
Récolte : De juin à septembre.
Partie récoltée : Tubercules, graines, feuilles, pollen.
Utilisation : Accompagnement traditionnel du poisson, comme condiment aromatique pour les salades (feuilles hachées), en tant qu'arôme dans les boissons (absinthe).

BOURRACHE OFFICINALE [5.]

Borago officinalis
Appartenance : Plante-feuille et fleur.
Aspect : Plante médicinale et condimentaire, à croissance verticale (taille jusqu'à environ 80 cm), poilue, avec de nombreuses fleurs bleues. Très belle plante d'ornement. Plante mellifère.
Plantation / soins : Semis en pleine terre en avril. La bourrache se resème très facilement. Il est recommandé d'éclaircir les jeunes plantes régulièrement.
Composants : Huile essentielle, saponine, vitamine C, toxines (hépatotoxique).
Récolte : Vous pouvez récolter les feuilles en continu de mai à août.
Partie récoltée : Fleurs, feuilles.
Utilisation: Fleurs mangeables ! Avant tout pour l'amélioration de différents plats. A consommer uniquement en petite quantité !

ANETH [6.]

Anethum graveolens
Appartenance : Plante-fruit.
Aspect : Croissance verticale (jusqu'à 90 cm), tige très ramifiée, inflorescence (double ombelle).
Plantation / soins : Semis en pleine terre d'avril à juin, ensuite l'aneth se resème spontanément. Arroser régulièrement et ameublir le sol.
Composants : Huile essentielle, potassium, calcium.
Récolte : De juillet à septembre. Les feuilles peuvent être récoltées en continu jusqu'au premier gel, ainsi que les inflorescences au début de la floraison.
Partie récoltée : Jeunes feuilles, inflorescences.
Utilisation : Condiment très aromatique. Utilisable de multiples façons pour accompagner les concombres. Idéal comme infusion en cas de problèmes digestifs.

D'AUTRES PLANTES AROMATIQUES : Sauge (récolte de juin à septembre), cerfeuil (récolte toute l'année, toujours les feuilles des plantes qui n'ont pas encore fleuri), potentille ansérine (récolte de juin à septembre), origan (récolte de juillet à septembre), capucine (récolte de juillet à octobre).

[4.]

[5.]

[6.]

[1.]

[2.]

[3.]

ARBRES FRUITIERS

Vitamines fruitées

De nombreuses espèces d'arbres fruitiers poussent dans nos régions. Le cognassier, l'argousier et le prunellier font partie des arbres fruitiers sauvages. Ils se caractérisent par un arôme intense.

COGNASSIER [1.]

Cydonia oblonga

Appartenance : Plante-fruit.
Variétés : Coings-pommes, coings-poires, le plus souvent auto-féconds ; il existe aussi des cognassiers ornementaux très fleuris.
Aspect : Grand arbuste, buisson ou demi-tige, avec des fruits typiques ressemblant aux pommes. Floraison : de mai à juin.
Soins : Les fruits mûrissent mieux à un emplacement ensoleillé, chaud et protégé. Les sols peu profonds, humiques et argileux sont idéals. Eclaircir régulièrement. Il est recommandé d'apporter du mulch sous la couronne de l'arbre et une protection légère aux jeunes plants en hiver.
Composants : Potassium, zinc, fer, vitamine C et substances végétales secondaires.
Récolte : Octobre.
Partie récoltée : Fruits, qui doivent encore mûrir environ trois semaines après la récolte.
Utilisation : Marmelade/confiture, liqueur, jus, gâteaux.

ARGOUSIER [2.]

Hippophae rhamnoides

Appartenance : Plante-fruit.
Variétés : Sauvage. Toujours combiner des pieds mâles et femelles (fécondation).
Aspect : Arbuste à feuilles caduques (taille jusqu'à 6 m). Les fleurs jaunâtres apparaissent avant la formation de feuilles en avril/mai. Racines profondes, feuilles ressemblant à celles du saule.
Soins : Meilleure formation de fruits sur des sols sableux, perméables, calcaires à un emplacement ensoleillé.
Composants : Vitamine C, vitamine E, vitamine B12, bêta-carotène, huile essentielle, acides aminés.
Récolte : Septembre à novembre.
Partie récoltée : Fruits brillants à noyau.
Utilisation : Marmelade/confiture, liqueur, jus, tisane.

PRUNELLIER [3.]

Prunus spinosa

Appartenance : Plante-fruit.
Aspect : Arbuste épineux à fleurs blanches ou petit arbre (taille jusqu'à 4 m) avec de petits fruits typiques. Floraison : de mars à avril, avant la formation des feuilles.
Soins : Pour cultiver, de préférence à un emplacement ensoleillé, calcaire, caillouteux avec un sol pauvre en nutriments.
Composants : Vitamine C, substances amères et tanins, acides aminés.
Récolte : D'octobre à novembre/décembre. Délicieux après le premier givre.
Partie récoltée : Les fruits à noyau.

Utilisation : Marmelade/confiture, liqueur, jus, additifs dans l'industrie pharmaceutique, fleurs et extraits en phytothérapie.

NÉFLIER [4.]

Mespilus germanica

Appartenance : Plante-fruit.

Variétés : Déjà cultivé depuis longtemps, de ce fait de nombreuses variétés vigoureuses de bonne qualité disponibles.

Aspect : Arbre de petite taille (jusqu'à 5 m) avec un tronc de forme irrégulière et une large couronne. Les fleurs apparaissent durant une courte période en mai.

Soins : Délicieux après le premier givre. Relativement peu exigeant mais aime la chaleur. Le néflier préfère les sols argileux, frais et perméables.

Composants : Potassium, calcium, vitamine C.

Récolte : D'octobre à novembre/décembre.

Partie récoltée : Fruits.

Utilisation : Marmelade /confiture, gelée, comme extrait en phytothérapie, bois précieux.

SORBIER DES OISELEURS [5.]

Sorbus aucuparia

Appartenance : Plante-fruit.

Variétés : La variété *S. aucuparia.* var. *moravica* est moins amère que la variété pure.

Aspect : Arbre sauvage rustique, avec des feuilles pennées, des fleurs blanches (de mai à juin), des panicules en forme de parapluie et des « baies » typiques.

Soins : Soins très peu exigeants, mais veillez à avoir un emplacement d'ensoleillé à mi- ombragé.

Composants : Vitamine C, provitamine A, sorbitol, acide malique, tanins, acide parasorbique.

Récolte : D'août à octobre.

Partie récoltée : Fruits (de jaunâtres à rougeâtres).

Utilisation : Vin, confiture, gelée, liqueur.

KIWI D'ÉTÉ [6.]

Actinidia arguta

Appartenance : Plante-fruit.

Variétés : Toujours planter des pieds mâles et femelles ensemble afin d'assurer la pollinisation. La variété « Weiki », également appelée kiwi de Bavière est très résistante au gel.

Aspect : Plante vivace rampante, de 5 à 7 m, formant des fleurs blanches ou couleur crème de mai à juin, très robuste. Forme des fruits lisses (sans duvet). Il faut toujours une plante mâle et une plante femelle.

Soins : Emplacement ensoleillé à mi- ombragé. Taille d'éclaircissage tous les deux trois ans.

Récolte : D'octobre à novembre.

Partie récoltée : Fruits verts ou rouges lisses, ressemblant à des groseilles à maquereau. Peuvent être mangé avec la peau.

Utilisation : Consommation fraîche, salade, marmelade/confiture.

CORNOUILLER MÂLE

Cornus mas

Appartenance : Plante-fruit.

Variétés : Grande diversité, avec des fleurs, des fruits et des feuilles de différentes couleurs.

Aspect : Grand arbuste ou petit arbre (de 3 à 8 m de hauteur) qui reste compact, avec des fleurs dorées (de février à avril) et des fruits ressemblant à des cerises.

Soins : Idéal en emplacement ensoleillé, chaud et au sol calcaire, perméable et riche.

Composants : Vitamine C, acide malique, fructose.

Récolte : A partir d'août jusqu'à fin septembre. Récolter uniquement les fruits entièrement mûrs, voire presque trop mûrs.

Partie récoltée : Drupes rouges (cornouilles).

Utilisation : Consommation fraîche, jus, vin, liqueur, compote, marmelade/confiture.

[4.]

[5.]

[6.]

L'HIVER

au jardin biodynamique

EN HIVER, LE CALME REVIENT AU JARDIN. LA RÉCOLTE DES DERNIERS LÉGUMES, LE CONTRÔLE DES LÉGUMES CONSERVÉS, LA PROTECTION CONTRE LE GEL DE MÊME QUE LA TAILLE, SONT LES TÂCHES QUI FIGURENT SUR LE CALENDRIER DE JARDINAGE. LA NOUVELLE ANNÉE DE JARDINAGE DÉBUTE AUSSI TOUT DOUCEMENT ET NOUS DISPOSONS DE TEMPS POUR NOUS OCCUPER DE SA PLANIFICATION.

[a]

L'essentiel

[a] ON RÉCOLTE LA CHICORÉE à partir d'octobre. La racine a une longueur de 18 à 20 cm. On conserve les racines à un endroit frais, à l'abri du gel.

[b] LE FEUILLAGE est coupé environ 2 cm au-dessus du collet.

[c] LE BLANCHIMENT S'EFFECTUE PAR ÉTAPES afin qu'il puisse toujours y avoir une récolte fraîche. Les endives qui ont poussé sont cassées sur la racine. Les racines ne peuvent pas rejeter, mais divers animaux domestiques les mangent volontiers.

[b]

[c]

ENDIVE

Blanchir les légumes d'hiver

Ceux qui ont semé en mai de la chicorée, peu exigeante, peuvent penser à blanchir ce beau légume dans la cave à partir de la racine et en profiter durant la saison hivernale.

RÉCOLTE

La chicorée pousse facilement en été, pour devenir une plante robuste. D'octobre à novembre, c'est le moment de récolter ! Les longues racines sont récoltées lorsqu'elles ont entre 3 et 6 cm d'épaisseur **[→a]**. On les sort du sol de préférence avec une fourche afin d'éviter de les endommager. Les feuilles sont raccourcies à environ 2 cm de longueur (faire attention de ne pas abimer le cœur de la plante) **[→b]**, les parties coupées sont mises au compost ou bien données à manger aux petits animaux. Afin de les sécher, on laisse encore les racines quelque temps sur la plate-bande. Un léger gel peut favoriser les capacités de la plante à former des endives. Ensuite, les racines sont conservées dans un endroit frais, par exemple dans le hangar ou dans la cave. Astuce : lors des semis au printemps suivant, veillez à avoir un espace suffisant entre les rangs, de 30 cm. Le semis dans le rang doit être très espacé (6 à 7 cm entre chaque plante), de manière à développer des racines vigoureuses et des plantes robustes. Ceci est déterminant pour le blanchiment et le forçage à venir. S'il arrive que les semis soient trop denses, on peut éclaircir le rang en laissant 8 cm entre les plantes voir p. 49.

LE FORÇAGE

De novembre à mars, les racines sont mises en terre pour former des bourgeons de 20 cm de longueur et 5 cm de largeur **[→c]**. Afin de diminuer l'amertume des plantes, le forçage a lieu dans l'obscurité la plus totale.

Ca se passe comme ça

A partir de novembre, les racines de chicorée peuvent être sorties du stockage. On raccourcit les racines à environ 18 à 20 cm et on les met dans un grand baquet avec de la terre (par étapes, pour les très grandes quantités, afin de récolter des endives fraîches durant tout l'hiver). Ajoutez un peu de terre sur les racines et arrosez les plantes. Comme le forçage peut seulement avoir lieu dans l'obscurité complète, le mieux est de mettre un deuxième pot sur le récipient qui contient les plantes. Ou bien vous pouvez couvrir le récipient avec une étoffe sombre et opaque et le mettre dans une pièce chaude de la cave. Pour les deux variantes, le récipient doit se trouver dans un endroit chaud (environ 15 à 20°C).
La première salade peut être récoltée au bout de trois semaines environ.

CAFÉ CHICORÉE. **La chicorée provient de la chicorée commune qui est avant tout connue comme plante sauvage dans nos régions. On a sélectionné des variétés cultivées dont les racines sont torréfiées comme succédané de café.**

EN HIVER

Planification de l'année de jardinage

Il ne reste plus que quelques tâches sur notre calendrier de jardinage. Nous pouvons apprécier la fraîcheur de nos légumes d'hiver et planifier notre prochaine année de jardinage en toute tranquillité.

L'idéal est d'associer toute la famille à la planification du jardin. En hiver, vous aurez le temps de feuilleter des catalogues de semences, des brochures et des magazines de jardinage. Vous trouverez peut-être d'anciennes variétés de fruits et de légumes particulièrement intéressantes, que vous souhaitez essayer en faisant pousser quelques graines dès l'année à venir. Ou bien, il peut y avoir des fleurs que vous aimez particulièrement et auxquelles vous souhaitez donner une place spéciale dans votre jardin. Essayez, testez, analysez, découvrez votre jardin et vos plantes. Développez votre intuition pour la nature, les saisons, le sol et les plantes. Si quelque chose ne marche pas, ce n'est pas grave. Les plantes sont très patientes et elles repoussent généralement toujours, même si cela peut prendre du temps.

CALENDRIER DE JARDINAGE

Un calendrier de jardinage peut vous être utile pour la planification et la découverte de votre jardin. Il en existe différents types dans les librairies. Vous pouvez également ébaucher vous-mêmes votre propre calendrier au fil des années. Vous pouvez y noter des relevés météorologiques et faire des comparaisons sur plusieurs années. Vous pouvez y apporter des informations sur les maladies et les ravageurs ou même y dessiner la hauteur et le développement d'un arbre. Le calendrier peut alors s'apparenter à un journal de jardinage avec de beaux souvenirs pratiques. Nous élaborons également un calendrier de jardinage dans notre domaine. Je souhaite de tout cœur vous faire part de quelques conseils utiles. Faites des croquis de votre jardin ou photographiez-le en entier ou bien photographiez toutes les plates-bandes. Caractérisez les plates-bandes avec des numéros ou des couleurs et inscrivez les cultures qui y ont poussé au cours des années. Tenez-vous en à la règle de la rotation des cultures afin de poser une première pierre importante pour la santé naturelle des plantes. En plus de la date des semis, notez le type de légume, la variété, la profondeur des semis, l'espacement. Vous pouvez rassembler d'importantes données empiriques qui vous aideront au jardin au cours de l'année à venir.

TRAVAUX GÉNÉRAUX

- Protéger les cultures du gel (les recouvrir avec des branchages, une bâche, des feuilles mortes).
- Contrôler les légumes stockés (moisissures, ravageurs).
- Balayer la neige des arbres et des cultures vivaces, afin qu'ils ne se cassent pas sous le poids.
- Mettre au point un plan de cultures et un calendrier des semis.
- Effectuer un test de germination à partir de janvier, voir p. 42.
- Lutter contre les campagnols.

POTAGER

- Blanchir la chicorée.
- Préparer les pommes de terre précoces, voir p. 167.
- Récolter les légumes d'hiver, voir p. 184 sq.

JARDIN FRUITIER

- A la fin de l'hiver, premiers travaux de taille.
- Tailler les arbustes à baies à la fin de l'hiver.
- Mettre du blanc arboricole ou mieux du badigeon biodynamique sur les arbres fruitiers comme protection contre le gel.

PLANTES CONDIMENTAIRES

- Recouvrir de branchages les plantes en pleine terre sensibles au gel.
- Avant les premières gelées, envelopper les pots contenant des plantes aromatiques avec du plastique à bulles.
- Contrôler s'il n'y a pas de ravageurs dans les cultures en pots dans leur entrepôt d'hiver et arroser occasionnellement. Veiller à avoir une température ambiante fraîche.

JARDIN D'ORNEMENT

- Arroser les plantes à feuilles persistantes les jours sans gel.
- Recouvrir les plantes vivaces de branchages et de feuilles mortes.
- Faire pousser bégonias et cannas à l'abri.

N'oubliez pas les plantes à fleurs, telles que les fleurs d'été qui devraient faire partie de chaque jardin potager, afin que les auxiliaires utiles (coccinelles, hérissons, abeilles, ichneumons ...) disposent de suffisamment de nourriture et d'abris.

Pour cela, nous avons mis au point un tableau avec des recommandations, que vous pourrez prendre en compte pour votre planification. Ainsi, les animaux et, bien entendu, les humains pourront apprécier les fleurs éblouissantes au cours de l'année de jardinage à venir.

DES FLEURS POUR LE JARDIN

Nom commun	Nom latin	Couleur	Période de floraison	Hauteur en cm	Densité au m²	Semis sous abri (mois)	Semis en pleine terre (mois)	Plan-tation (mois)	Culture en pot	Plantes favora-bles aux insectes et aux abeilles
Fleurs d'été annuelles										
Nielle des blés	*Agrostemma githago*	pourpre	Juil.– sept.	50 – 80	50		Mars – juin			x
Amarante hypocondriaque	*Amaranthus hypochondriacus*	rouge	Juil.– sept.	100	10 – 15	Avril		Mai	x	x
Muflier à grandes fleurs (grand mélange)	*Antirrhinum majus*	jaune, rouge, rose, blanc	Juil. – oct.	60	20 – 30	Mars – avril		Avril – mai	x	
Asarine grimpante	*Asarina scandens*	bleu	Mai – oct.	jusqu'à 200	8 – 12	Mars		Mai	x	
Reine-marguerite	*Callistephus chinensis*	jaune, rose, blanc, bleu	Juil. – nov.	50	20 – 25	Mars		Mai	x	x
Bleuet	*Centaurea cyanus*	surtout bleu	Juin – sept.	50 – 90	30		Mars – juin Août – sept.			x
Fleur araignée	*Cleome spinosa*	rose, pourpre, blanc	Juil.– sept.	90 – 120	4 – 6	Avril		Mai		
Belle-de-jour	*Convolvulus tricolor*	blanc, bleu	Juin – août	30 – 40	10		Mars – mai			
Cosmos	*Cosmos bipinnatus*	rose, pourpre, blanc	Juin – nov.	100 – 150	6 – 9		Avril – mai			x
Dahlia	*Dahlia*	mélange jaune, orange, rouge	Juin – oct.	30 – 40	20	Avril		Mi-mai – mi-juin	x	
Pied d'alouette	*Delphinium*	bleu	Juin – sept.	50 – 100	16		Début avril – mi-juin			
Godétie	*Godetia grandiflora*	jaune, orange	Juil.– sept.	45 – 60	12		Mars – mai		x	
Gypsophile	*Gypsophila elegans*	blanc	Juin – août	40 – 60	10		Mars – fin mai		x	
Tournesol 'Velvet Queen'	*Helilanthus annuus*	brun	Juil.– oct.	170	6 – 10		Mai – début juillet			x
Tournesol 'Sunsport'	*Helilanthus annuus*	jaune	Juil. – oct.	40 – 50	20 – 30		Mai – début juillet		x	x
Tournesol, petites fleurs	*Helilanthus debilis*	jaune	Juil.– oct.	150	5 – 7		Mai – début juillet			x
Fleur de paille	*Helichrysum bracteatum*	multicolore, jaune, blanc, orange, brun	Juil.– sept.	30 – 40	20	Avril		Mai	x	
Thlaspi annuelle	*Iberis umbellata*	surtout bleu	Juil. – août	25	25 – 30	Avril		Mai	x	
Ipomée	*Ipomoea rubro-coerulea*	pourpre, bleu	Juil. – août	200 – 500	6 – 7	Mars– avril		Mai		
Pois de senteur	*Lathyrus odoratus*	rose	Juin – août	150 – 200	20 – 30		Avril			

Nom commun	Nom latin	Couleur	Période de floraison	Hauteur en cm	Densité au m²	Semis sous abri (mois)	Semis en pleine terre (mois)	Plantation (mois)	Culture en pot	Plantes favorables aux insectes et aux abeilles
Fleurs d'été annuelles										
Lavatère à grandes fleurs	*Lavatera trimestris*	rose	Juin – oct.	50	6 – 8		Avril – début juin			
Marijuanilla	*Leonurus sibiricus*	rose, rouge	Juil. – oct.	100 – 150	6 – 8		Avril – début juin			x
Linaire du Maroc	*Linaria maroccaria*	pourpre, blanc	Juin – août	40	16 – 20		Avril– début juillet			
Lin à grandes fleurs	*Linum grandiflorum*	pourpre	Juin – août	40 – 50	25 – 80		Avril– début juillet			x
Malope	*Malope trifida*	blanc, orange	Juil. – oct.	60 – 100	20 – 25		Fin mars – mai			
Camomille matricaire	*Matricaria chamomilla*	blanc	Mai – sept.	10 – 50	20 – 30		Avril – juin			x
Miroir des Elfes	*Nemesia strumosa*	Mélange jaune orange, rose, pourpre, blanc, brun	Juin – oct.	20 – 30	30 – 40	Mars – avril		Mai	x	
Nigelle de Damas	*Nigella damascena*	rose, blanc, bleu	Juin – oct.	40 – 50	40 – 50		Mars – mai			x
Coquelicot	*Papaver rhoeas*	rouge	Mai – août	50 – 60	40 – 50		Mars – mai			x
Sauge verte	*Salvia viridis*	feuilles supérieures roses, pourpre	Juin – oct.	30 – 50	25		Avril			x
Scabieuse	*Scabiosa atropurpurea*	mélange rose, pourpre, blanc	Juil. – nov.	90	25 – 30	Mars – avril		Mai		x
Tagète citron	*Tagetes tenuifolila*	jaune, brun	Mai – nov.	30 – 40	30 – 40	Mars – avril		Mai	x	
Capucine (grimpante)	*Trapaeolum majus*	jaune pâle et foncé	Juin – oct.	jusqu'à 200	4 – 6	Mars – avril	Mai	Mai	x	
Capucine (non grimpante)	*Trapaeolum majus*	jaune, orange, rouge	Juin – oct.	60	6 – 8	Avril		Mai	x	
Zinnia	*Zinnia angustifolila*	jaune, rouge, orange, rose, brun	Juin – oct.	40 – 50	25 – 30	Avril		Juin	x	x
Fleurs d'été bisannuelles ou vivaces										
Campanule carillon	*Campanula medium*	grande variété, rose,	Juin – août	70	7 – 9		Mai – sept.			
Giroflée jaune	*Cheiranthus cheiri*	jaune à orange	Mai – juin	90	20 – 25	Juillet		Août. – sept.	x	
Oeillet de poète	*Dianthus barbatus*	pourpre, blanc, rouge	Juin – juil.	50 – 60	25 – 30	Avril – juillet		Mai – août	x	
Sauge sclarée	*Salvia sclarea*	bleu	Mai – août	80 – 120	30 – 50	Mars– avril	Mars – juillet	Mars – avril		
Molène faux Bouillon-blanc	*Verbascum densiflorum*	jaune	Juil.– sept.	50 – 250	4 – 6		Mars – avril			
Pensée sauvage	*Viola tricolor*	tricolore jaune, blanc, pourpre	Mai – août	10 – 20	80 – 100	Juin		Août. – sept.	x	

[1.]

[2.]

[3.]

LÉGUMES

Trésors d'hiver

Même en hiver, il n'est nullement besoin de renoncer aux légumes frais. La plupart développent même leur arôme typique à partir du premier gel et perdent leurs substances amères.

MÂCHE [1.]

Valerianella locusta

Appartenance : Plante-feuille.
Variétés : Il existe de nombreuses variétés avec des feuilles rondes, allongées, petites, grandes, de vert clair à foncé. Pour une récolte au printemps, en automne, en hiver.
Aspect : Petite plante qui forme des rosettes.
Semis : De 15 à 30 cm d'espace entre les rangs et 20 cm d'espace entre les plantes. Semis pour la récolte d'hiver en septembre. Semis pour la récolte d'automne en juillet. Semis pour la récolte de printemps en février/mars. Dans les régions avec des hivers froids, la culture d'hiver n'est pas recommandée, mais cultiver jusqu'en décembre ou couvrir avec des branchages.
Récolte : Du printemps à l'hiver.
Partie récoltée : Feuilles en rosette ou feuilles individuelles.

PANAIS [2.]

Pastinaca sativa

Appartenance : Plante-racine.
Variétés : Variétés larges et allongées, de couleur crème à brune.
Aspect : Plante bisannuelle, qui peut atteindre jusqu'à 150 cm et qui forme des fleurs en ombelles. La racine est une rave.
Semis : Préparer le sol en profondeur à cause de la longue racine. Les sols sableux humifères sont les mieux adaptés. Semis début juin, avec un espace de 30 cm dans la rangée et de 10 cm de plante à plante. Attention, longue durée de culture !
Récolte : De fin octobre à février pour un sol ouvert. Les racines deviennent délicieuses sous l'effet du gel.
Partie récoltée : Rave.

CHOU DE BRUXELLES [3.]

Brassica oleracea var. *gemmifera*

Appartenance : Plante-feuille.
Variétés : De nombreuses variétés fixées disponibles, le plus souvent de vert clair à vert moyen. Pour la récolte d'hiver, choisir des variétés résistantes au gel.
Aspect : Légume d'hiver qui forme des petits choux au niveau des bourgeons axillaires. Selon les variétés, la taille va de 60 à 80 cm.
Semis : Semer d'avril à mai ou planter en juin. Espace entre les rangs 65 cm. Espace entre les plantes 30 cm. Veillez à un bon approvisionnement en eau pendant le développement de la plante. Un apport en mulch peut constituer un soutien. Pour la culture en pots, prévoir de grands récipients (au

moins de 30 l), mettre une seule plante par pot.
Récolte : De novembre à février mars.
Partie récoltée : Les petits choux sont récoltés de bas en haut. Les variétés résistantes au gel peuvent être habituellement récoltées entre novembre et février.

CHOU FRISÉ [4.]

Brassica oleracea var. *sabellica*
Appartenance : Plante-feuille.
Variétés : Variétés larges et allongées de couleur crème à brune.
Aspect : Ce chou ne forme pas une pomme fermée comme d'autres de ses parents, mais forme des feuilles très frisées sur une tige élevée.
Semis : Semis en pleine terre de mai à juin. Les plants peuvent être mis en terre en avril, espace entre les rangées 50 cm. Espace entre les plantes de 50 à 70 cm. Apporter du compost lors de la mise en terre des plants.
Récolte : De septembre à mars. Récolte principale en novembre. Le chou frisé supporte les gelées jusqu'à -8 °C ; le cas échéant, mettre une protection contre le gel : une bâche ou une couverture de branchages. Le goût délicat se développe uniquement sous un certain effet du gel.
Partie récoltée : Feuilles de chou jeunes et moyennes.

CHOU PALMIER [5.]

Brassica oleracea var. *sabellica*
Appartenance : Plante-feuille.
Aspect : Chou bisannuel, qui peut atteindre jusqu'à 100 cm, avec des feuilles vert sombre à noir vert.
Semis : Semis en pleine terre de mai à juin. Les plants peuvent être mis en terre en avril. Espace entre les rangs 50 cm. Espace entre les plantes de 50 à 70 cm. Apporter du compost aux plants lors de la mise en terre. Est aussi adapté à la culture en pot.
Récolte : A partir d'octobre. Protection contre le gel grâce à une bâche ou une couverture de branchages (à condition que la plante soit résistante au froid). Le chou palmier ne nécessite pas l'action du gel pour que les feuilles développent un bon goût.
Partie récoltée: Récolter les feuilles de chou jeunes et moyennes, de bas en haut.

CHICORÉE [6.]

Cichorium intybus
Appartenance : Plante-racine.
Aspect : Plante herbacée, qui forme une racine jusqu'à 15 cm de longueur.
Semis : A partir de juin. Repiquage de juillet à août. Espace entre les rangs 40 cm, espace entre les plantes également de 40 cm.
Récolte : D'octobre à novembre. Pour le forçage à venir, entreposer de novembre à mars. On peut ensuite blanchir progressivement selon les besoins.
Partie récoltée : Racine.

[4.]

[5.]

[6.]

MOUVEMENT DE L'AGRICULTURE BIO-DYNAMIQUE

Associations fédérées au MABD

Devenez adhérent dans votre région !

- Pour soutenir localement le développement de l'agriculture et du jardinage biodynamiques.
- Pour participer aux diverses activités proposées près de chez vous.
- En adhérant à l'association fédérée de votre région vous devenez aussi membre du Mouvement de l'Agriculture Bio-Dynamique.

- **Biodynamie en Pays d'Oc**
  Départements 09 - 11 - 30 - 31 -34 - 66 - 81
  Yvonne Sentenac-Forner - Cambras
  11310 Saissac y.sentenacforner@orange.fr

- **Buez an Douar**
  Départements 22 -29 -56
  Secrétariat : Gérard Duigou
  Le Gamer - 29380 Bannalec
  Tél. : 02 98 39 59 16
  gerard.duigou@gmail.com
  Relais nord Finistère :
  Jacques Rivoalan - Kerizout
  29610 Plouigneau
  Tél. : 02 98 79 86 14

- **Association de Culture Bio-Dynamique des Pays de Loire**
  Région Pays de Loire
  Patrick Thomas - 3 Riffarderie
  49700 St Georges sur Layon
  Tél. : 02 41 59 62 99 - 06 24 69 28 91
  patricketcolettethomas@wanadoo.fr
  Région Centre
  Michel Augé - 9 rue Terres Rouges
  41110 Pouillé
  Tél. : 02 54 71 58 23
  auge-michel-beatrice@wanadoo.fr

- **Association pour le développement et la pratique de l'Agriculture Biodynamique en Rhône-Alpes**
  Départements 01 - 07 - 26 - 38 - 39 - 42 43 - 69 - 71 - 73 - 74
  Michèle Lorieux - 12 avenue de Verdun
  69630 Chaponost
  Tél. : 04 78 45 07 90
  assobiodynamierhonealpes@yahoo.fr
  Relais sud Rhône-Alpes :
  Marion Haas & Stéphane Cozon
  La Ferme de Baume Rousse
  26400 Cobonne - Tél. : 04 75 25 08 68
  lafermedebaumerousse@gmail.com

- **Association régionale de Culture Bio-Dynamique du Quercy-Rouergue**
  Départements 12 - 46 - 82
  Gregory Peyrin - Cabras des brousailles
  l.d. Vézis - *12200 La Bastide l'Evêque*
  Tél. : 06 40 19 98 70
  peyringreg@hotmail.fr

- **Association Aquitaine Biodynamie**
  Dép. 33 - 47 - 32 - 40 - 64 - 65 - 24
  Jacques Foures - 24 avenue de Graves 33360 Cenac - Tél : 06 08 22 63 68 foures.jacques@orange.fr
  Relais Gascogne-Pyrénées (32 - 64 - 65)
  Reinout Nauta - Guillot - 32350 St Arailles
  Tél. : 05 62 64 14 67 - rnauta@laposte.net

- **Relais Pays de Garonne** (47 - sud 24)
  Anne-Marie Laverny - Ferme de la Saubes 11 av Henri IV - 47130 St-Laurent Tél./Fax : 05 53 87 27 61
  annemarielaverny@gmail.com

- **Mouvement de Culture Bio-Dynamique d'Ille et Vilaine**
  Départements 35 - 44
  Bernard Schmitt - Ferme du Chêne
  35580 Baulon
  Tél. : 02 99 85 34 27
  bernard.schmitt06@laposte.net

- **Association pour la Culture Bio-Dynamique d'Alsace et de Lorraine**
  Dép. 54 - 55 - 57 - 67 - 68 - 88 - 90
  Michel Rousseaux - 16 rue du Tabac
  67370 Stutzheim offenheiml
  Tél. : 03 88 69 76 36 ou 06 33 49 35 18
  acbdal@orange.fr

- **Association de biodynamie en Poitou-Charentes**
  Départements 16 -17 - 79 - 86
  Marie-Hélène Pillet
  Tél. : 05 49 63 13 29
  mhpillet@hotmail.fr

- **Mouvement de Culture Bio-Dynamique de Wallonie**
  Jacques Paris - rue du Vachau, 2 - 5590 Ciney (Serinchamps) - Belgique
  Tél. : 083 / 68 87 89
  biodyn@ez4u.be

- **Biodynamie - Réunion**
  Christian Briard
  35 che. des bois de lait - 97436 Saint-Leu
  Tél. : 02 62 71 28 95 ou 06 92 05 18 49
  briard.christian@gmail.com

Antennes du MABD

Personnes référentes ou associations qui peuvent vous informer sur les principes de la biodynamie et sa pratique dans leur région.

- **SABD Provence-Alpes-Corse**
  Départements 04 - 05 - 06 - 13 - 20 - 83 -84
  Christian Marcel
  La Marne - n°387 chemin des Anduès
  83210 Solliès-Pont - Tél. : 06 13 25 13 58
  contact@vinimage.com

- **Association Hugues de Payns**
  Départements 10 - 21 - 51 - 52 - 77 - 89
  Michel Leclaire - 7 rue du Moulin
  10190 Messon
  Tél. : 03 25 79 06 10 m.leclaire@bio-dynamie.org
  Relais Yonne :
  Benoit Massé - Lieu dit Plloux
  89520 Saint en Pusaye
  Tél. : 03 86 44 25 41
  lesterresdevie@yahoo.fr

- **Antenne Limousin**
  Départements 19 - 23 - 87
  Patrick Lespagnol - La Chapelle
  87380 Chateau Chervix Tél. : 05 55 00 86 67
  plespagnol@laposte.net

- **Antenne Normandie**
  Départements 14 - 50 - 61
  Alain Liehn - St Morice
  53140 Lignieres-Orgeres
  Tél. : 02 43 03 17 27
  alain.liehn@orange.fr

- **Biodynamie en Ile de France**
  Départements 75 - 78 - 91 - 92 - 93 - 94 - 95
  Jean-Michel Laborie - 69 rue Gay Lussac
  78800 Houilles
  Tél. : 06 82 50 58 57
  laboriejm@wanadoo.fr

- **Association Romande de Biodynamie**
  Case postale 152 - 1880 Bex - Suisse
  Tél. : + 79 755 79 26
  info@arbdyn.ch - www.arbdyn.ch
  (membre de l'Association pour la Biodynamie en Suisse)

- **Association de Bio-Dynamie Québec**
  375 rang des chutes - Ham-Nord (Québec)
  CANADA - G0P 1A0
  Info@biodynamie.qc.ca

Associations membres

Adhérentes du MABD ces associations mettent leurs compétences thématiques au service de la démarche collective de la fédération.

- **Association Sainte-Catherine**
  André Dumelz - 25 rue Victor Hugo
  59233 Maing
  Tél. : 03 27 24 53 02
  andredumelz@orange.fr

- **Association ASTE "Art Science & Culture de l'Eau"**
  Daniel Tronel - 16 fg des Balmettes
  74000 Annecy
  danieltronel@free.fr
  www.aste-asso.org
  Tél. : 04 50 51 04 09

- **Association des amis de St-Laurent**
  Domaine de Saint Laurent
  71250 Chateau
  Tél./Fax : 03 85 59 23 74
  association.stlaurent@orange.fr

- **ARP-BD**
  Association pour la Recherche sur les Préparations Biodynamiques
  Les Crêts - 71250 Château

- **Jac on Wine**
  Promenades dans le goût des vins biodynamiques
  les jardins de fargues entrée C
  19 bis avenue Guillaume de Fargis
  84130 le Pontet lès Avignon
  tél. : 06 85 76 00 32
  mail : jac.eyraud@wanadoo.fr

La Maison de l'agriculture biodynamique

5 place de la gare – 68000 Colmar – www.bio-dynamie.org

regroupe les organismes nationaux

• Mouvement de l'Agriculture Bio-Dynamique

Tél. : 03 89 24 36 41 - Fax : 03 89 24 27 info@bio-dynamie.org

- Promotion de l'agriculture et du jardinage biodynamiques
- Stages-formations
- Publication-diffusion : livres, calendrier des semis, revue Biodynamis
- Formations professionelles
- Représentation nationale et internationale
- Visites et échanges entre producteurs
- Accompagnement à la conversion

• Association DEMETER France

Tél. : 03 89 41 43 95 - Fax : 03 89 41 49 51
demeter@bio-dynamie.org

- Gestion de la marque Demeter
- Contrôle et certification
- Représentation nationale et internationale

Autres adresses

Préparations biodynamiques

Contactez votre organisme régional ou adressez-vous à :

- **MABD** 5 place de la gare 68000 Colmar
  Tél. : 03 89 24 36 41
  info@bio-dynamie.org www.bio-dynamie.org
- **Biodynamie service** Les Crêts - 71250 Château
  Tél./Fax : 03 85 59 31 95
  biodynamie.services@wanadoo.fr www.biodynamie-services.fr
- Caroline MARTINEZ-Paulus 6 rue des vignes 68800 LEIMBACH

Cristallisations sensibles

- **Christian Marcel** La Marne - n°387 chemin des Anduès
  83210 Solliès-Pont
  Tél. : 06 13 25 13 58 contact@vinimage.com www.vinimage.com

Producteurs de semences bio-dynamiques et biologiques

- **Germinance** 4 impasse du Gault 49150 Baugé
  Tél. : 02.41.82.73.23 - Fax : 02.41.82.86.48
  contact@germinance.com www.germinance.com
- **Essem'bio** Bois de Gajan - La Revanche 32700 Lectoure
  Tél. : 05 62 28 55 14 - Fax : 05 62 28 14 91
  essembio@wanadoo.fr
  www.essembio.com
- **Le Biau Germe**
  47360 Montpezat
  Tél. : 05 53 95 95 04 - Fax : 05 53 95 96 08
  service@biaugerme.com
  www.biaugerme.com
- **Semailles**
  Rue du Sabotier 16 b
  B-5340 Faulx-Les-Tombes - **Belgique**
  Tél. : +32 [0] 81 57 02 97
  Fax : +32 [0] 81 23.03.87
  semaille@semaille.com
  www.semaille.com
- **Sativa Rheinau AG**
  Klosterplatz
  CH-8462 Rheinau - **Suisse**
  Tél. : +41 [0]52 304 91 60
  Fax : +41 [0]52 304 91 61
  sativa@sativa-rheinau.ch
  www.sativa-rheinau.ch

Fournisseurs de plants et d'arbres, variétés rustiques et/ou biologiques

- **Pépinière Burri**
  Les Bordes Nord - 11500 Brenac
  Tél. : 04 68 20 94 16 www.pepinièreburri.com
- **Pépinière La Feuillade**
  S. & D. Rauzier - 30450 Genolhac
  Tél./Fax. : 04 66 61 15 92
  pepinierelafeuillade@wanadoo.fr www.lafeuillade.com
- **Pépinières Delay**
  89 rue Pipet - 38200 Vienne
  Tél./Fax : 04 74 85 25 65
  pepinieres.delay@wanadoo.fr www.pepinieres-delay.com
- **Ribanjou**
  Zone horticole du rocher - 49125 Tierce
  Tél. : 02 41 42 65 19 - Fax : 02 41 42 66 45 www.ribanjou.com

Fournisseurs de produits pour le jardinage biodynamique

- **Soins des plantes**
  Gérard Augé - Mas de Gausserand
  39 rue Taillade - 30250 Sommières
  Tél./Fax : 04 66 80 19 21
  mail : soinsdesplantes@club-internet.fr
  site : www.soinsdesplantes.fr
- **MABD**
  5 place de la gare - 68000 Colmar
  Tél. : 03 89 24 36 41
  info@bio-dynamie.org
  www.bio-dynamie.org

Bibliographie

Extrait du catalogue du Mouvement de l'Agriculture Bio-Dynamique

- **Bio-dynamie et rythmes cosmiques**
  Maria Thun, 176 pages, Ed. MCBD 2008
  Un livre pour mieux comprendre les expériences de Maria Thun, il offre un bonne suite à "Pratiquer la bio-dynamie au jardin".
- **Jardiner avec la lune et le ciel**
  Xavier Florin, Ed. Sang de la Terre 2009
  Troisième édition, largement revue et augmentée, d'un livre de référence pour mieux comprendre la biodynamie et son application au jardin.
- **Guide pratique de la biodynamie à l'usage des agriculteurs**
  Pierre Masson, 180 pages, Ed. Biodynamie services 2012.
  Cet ouvrage est un outil de référence pour tout agriculteur pratiquant ou voulant s'initier à la biodynamie, les jardiniers y trouveront également de précieux conseils.
- **L'agriculture bio-dynamique : une culture du vivant**
  Syndicat d'Agriculture Bio-Dynamique, Préfacé par Jean-Marie Pelt, 100 pages
  Ed. MCBD, 2006
  Cet ouvrage permet d'aborder de façon simple et précise les bases de l'agriculture biodynamique et ses pratiques.
- **Le Cours aux agriculteurs**
  traduction Ilse Demarest, 251 pages
  Ed. Novalis 2003
  Traduction du cycle de conférences de Rudolf Steiner, à la base de l'agriculture biodynamique.

Catalogue complet :
- envoi sur demande contre 3 timbres lettre
- consultation / commande-internet sur : www.bio-dynamie.org

INDEX

Les numéros de pages en **gras** renvoient à une illustration.

T

U

V

Z

REMERCIEMENTS

Sur cette page, je souhaite particulièrement remercier ma femme Christina qui a souvent dû renoncer à ma compagnie, parce que « le livre » m'occupait. Je tiens également à remercier le reste de ma famille qui a soutenu avec compréhension mon travail pour ce livre. En particulier Stefan, qui, par un investissement supplémentaire dans l'entreprise, a permis que moi je m'en libère pour écrire.
Merci à ceux qui ont marqué de leur empreinte mon chemin biodynamique, c'est-à-dire tout mon chemin de vie, depuis plus de quarante ans, à travers de nombreuses rencontres. Il me faut avant tout remercier Maria Thun (+ 2012). De par ses connaissances sur l'influence du cosmos, elle m'a beaucoup aidé à mettre en œuvre les indications de Rudolf Steiner, de façon pratique dans le jardinage au quotidien et de les appliquer avec assurance. Je remercie Dr. Hans Balmer pour nos innombrables conversations et les heures d'expérimentations pratiques sur le compostage avec en toile de fond le cycle de la nature (Werden und Vergehen) avec l'objectif de reproduire du mieux possible ce cycle, tout en l'affinant sur certains points afin que la vraie " nourriture" pour les organismes du sol en résulte. Je remercie Floor et Gerhard Eisenkolb pour nos inlassables échanges, tant sur le jardinage quotidien, que sur le plan spirituel de la méthode d'agriculture pratique. Ici, je souhaite aussi remercier les voix critiques, qui grâce à leurs remises en question m'ont signalé des aspects que j'ai progressivement étudié et grâce auxquels j'ai pu acquérir de nouvelles connaissances.
Merci aux nombreux jardinières et jardiniers, qui ont pris conseil auprès de moi et qui n'ont pas souvent reçu de réponse simple dans le sens "Faites ceci, alors il se passe cela", mais qui ont plutôt été incités à considérer par exemple"le fléau des escargots" comme une "question d'alimentation du sol" ou encore "la vivacité du sol" comme "une clé de l'action des astres".
Les magnifiques photos de ce livre proviennent en grande partie de mon ami Jürgen Weisheitinger, photographe professionnel de Lörrach. Il a immédiatement compris ce que je souhaitais montrer et trouvé comment illustrer chacune des situations de jardinage. Merci pour les innombrables heures de rencontre au jardin avec toi ! Les textes de ce livre ont été mis en forme dans un style lisible et compréhensible par Heike, une amie du jardin. Ses demandes, en particulier, comme "jardinière débutante", ont mis en évidence les endroits où des explications supplémentaires étaient nécessaires pour une meilleure compréhension.
Le travail de relecture dans la maison d'édition a été mis en forme avec beaucoup de sensibilité par Birgit Grimm pour l'approche du thème et en respectant le cadre de vie de l'auteur. Il n'a pas toujours été aisé de retenir un jardinier qui travaille sur son exploitation près de "l'étagère à livres". Malgré tout, cela a été une réussite.
Enfin, un grand merci à tous ceux qui ont participé à la réussite de ce livre et qui n'ont pas été mentionnés individuellement.

Le Mouvement de l'Agriculture Bio-Dynamique remercie l'Association Michael Bauer pour son fidèle soutien financier.

CRÉDITS IMAGES

305 photos ont été réalisées par Jürgen Weisheitinger (Lörrach) pour ce livre.

Les 83 autres photos de: Gap Gardens: p. 60 toutes les quatre; Gartenschatz, Stuttgart: p. 28 toutes les quatre, 29 (4.), 29 (5.), 64, 66 toutes les trois, 67 toutes les trois, 68 (1.) et (2.), 69 (4.), 69 (6.), 85 (4.), 85 (6.), 94 toutes les trois, 95 toutes les trois, 102 (1.) à (3.), 103 (5.) et (6.), 130 (2.), 130 (3.), 131 toutes les trois, 141 (2.), 146 toutes les trois, 147 toutes les trois, 158 toutes les trois, 159 toutes les trois, 160 toutes les trois, 161 (1.), 161 (2.), 170 (1.) à (2.), 171 (8.), 172 toutes les trois, 173 (4.), 173 (6.), 174 (2.), 175 toutes les trois, 184 (2.), 184 (3.), 185 (6); Flora Press/Nova Photo Graphik, Hamburg: p. 16; Flora Press/Helga Noack: 124 (a.), 124 (b.); Flora Press/RHS 124 (c.); Flora Press/BIOS: 184 (1.); Frank Hecker, Panten-Hammer: 130 (3.); Hans Laux, Biberach: 156 (3.); Manfred Pforr, Langenpreising: p. 29 (6.); Roland Spohn, Engen: 68 (3.), 174 (1.), 174 (3.).

MENTIONS LÉGALES

Conception de la couverture par Editorial Design (Munich) avec l'utilisation de deux photos de Rogge & Jankovic Fotografen (Düsseldorf).

Avec 388 photos.

Toutes les informations que vous trouverez dans ce livre ont été soigneusement vérifiées et correspondent aux derniers résultats scientifiques au moment de la publication. Néanmoins, les savoirs dans ce domaine étant en constante progression, il appartient au lecteur de s'assurer que ces informations n'ont pas été modifiées par de nouveaux résultats.
Pour cela, il lui faudra par exemple lire attentivement les notices des produits servant à l'amendement, au soin et à la protection des plantes et se rapporter à la réglementation en vigueur.
La couleur des fleurs dépend de la variété, c'est pourquoi il peut exister dans le commerce des couleurs qui ne sont pas mentionnées dans le livre. Les périodes de floraison et de récolte sont également fonction de la variété mais aussi du climat et de l'emplacement. Les hauteurs et les largeurs des plantes sont des moyennes. Elles peuvent varier en fonction de la teneur en nutriments du sol. Des variétés peuvent devenir beaucoup plus grandes ou plus petites que l'espèce.

MIXTE
Papier issu de sources responsables
FSC® C023164
www.fsc.org

Imprimé sur du papier blanchi sans chlore.

ISBN : 978-2-913927-49-0
ISSN : 1961-2567
Manuel de Biodynamis n°7
Dépot légal : 2ème semestre 2014
Traduction : Eglantine Kientz
Conception de la mise en page : Editorial Design, München
Mise en page et composition : Walter Typografie & Grafik GmbH, Würzburg
Imprimé en Italie